"十四五"普通高等教育本科部委级规划教材

绍兴文理学院重点教材

纺纱学实验教程

李旭明　赵晓曼　**主编**

邹专勇　洪剑寒　惠林涛　**副主编**

中国纺织出版社有限公司

内 容 提 要

　　"纺纱学实验教程"是培养纺织工程专业人才的实验教学课程之一，是与"纺纱学"理论课程配套的实验教程。根据纺织工程专业的人才培养目标及企事业单位对专业人才的要求，本书介绍了纤维原料准备、纺纱工艺与设备、纱线试纺实验、纱线结构与性能测试以及纱线试纺实验开放项目设计。

　　本书是高等院校纺织工程专业教材，也可供相关工程技术人员和科研工作者参考。

图书在版编目（CIP）数据

　　纺纱学实验教程 / 李旭明，赵晓曼主编 ； 邹专勇，洪剑寒，惠林涛副主编． -- 北京 ：中国纺织出版社有限公司，2025．8． --（"十四五"普通高等教育本科部委级规划教材）（绍兴文理学院重点教材）． -- ISBN 978-7-5229-2785-5

　　Ⅰ．TS104

　　中国国家版本馆CIP数据核字第2025AA4606号

责任编辑：沈　靖　　特约编辑：张小涵
责任校对：高　涵　　责任印制：王艳丽

中国纺织出版社有限公司出版发行
地址：北京市朝阳区百子湾东里A407号楼　邮政编码：100124
销售电话：010—67004422　传真：010—87155801
http://www.c-textilep.com
中国纺织出版社天猫旗舰店
官方微博http://weibo.com/2119887771
三河市宏盛印务有限公司印刷　各地新华书店经销
2025年8月第1版第1次印刷
开本：787×1092　1/16　印张：6.75
字数：109千字　定价：68.00元

　　为适应纺织类应用型人才培养需要，根据相应专业的人才培养目标和相关工作岗位对本专业人才的要求，本书注重培养学生的动手能力，以满足相关企业对应用型人才的需求。本书内容包括基础认识性实验、应用验证性实验和综合创新性实验，为鼓励学生在校期间参与相关学科竞赛和开展纱线品种创新设计活动提供必要的思路和途径。

　　本书共分为六章，第一章、第二章介绍了纺纱工艺系统和纱线试纺中常用的基本原料，由李旭明、邹专勇、洪剑寒编写；第三章介绍了纺纱工艺与设备，由赵晓曼、邹专勇、惠林涛编写；第四章介绍了以"纺纱学"理论课程为基础的纱线试纺实验，由李旭明、赵晓曼、惠林涛编写；第五章介绍了纱线结构与性能测试，由赵晓曼、洪剑寒编写；第六章介绍了纱线试纺实验开放项目设计，由李旭明、赵晓曼编写。本书由李旭明、赵晓曼统稿，邹专勇、洪剑寒、惠林涛负责制作部分插图。

　　由于编者水平有限，在编写过程中难免存在不妥之处，恳请读者批评指正。

编者

2024年8月

Contents
目　录

第一章 绪论

纺纱作为一门工程技术，其加工对象是纤维集合体，而纤维集合体的各项特性，往往差异很大，且常因周围环境条件（如空气温湿度等）等变化而改变，故纺纱工程必须使用机械、气流、化学等手段以及最新发展的各种技术，将离散的纤维原料加工成具备足够强力和外观特性的连续纱线，以满足下游织造生产的需要。

纺纱实质上是使纤维由杂乱无章的状态变为按纵向有序排列的加工过程。纺纱之前，纤维原料经过初步加工去除了大部分杂质，但纤维的排列仍是杂乱无章的。每根纤维本身既不伸直也没有一定方向，所以纺纱都要经过开松、梳理、牵伸、加捻等基本过程。

第一节 纺纱基本原理

纺纱加工中，需要先把纤维原料中原有的局部横向联系彻底破除（这个过程叫作"松解"），并牢固建立首尾衔接的纵向联系（这个过程叫作"集合"）。松解是集合的基础和前提。

在现代技术水平下，松解和集合还不能一次完成，要分为开松、梳理、牵伸、加捻四步进行，如图1-1所示。

图1-1 纺纱的基本过程

开松是把纤维团扯散成小束的加工过程。开松使纤维横向联系的规模缩小，大块（团）的纤维集合体变为小块（束），为以后进一步松解到单纤维状态提供条件。

梳理是近代松解技术，是采用梳理机的机件上包覆的密集的梳针对纤维进行梳理，把纤维小块（束）进一步分解成单纤维。此时，各根纤维间的横向联系基本被破除，但纤维大多呈屈曲弯钩状，各纤维之间因相互勾结而仍具有一定的横向联系。梳理后，分解的纤维形成网状，可以收拢成细长条子，逐步达到纤维的纵向顺序排列，但这些纤维的伸直平行程度还是远远不够的。

牵伸是把梳理后的条子抽长拉细，使其中的卷曲纤维逐步伸直，弯钩逐步消除，同时使条子获得所需细度的加工过程。这样残留的横向联系才有可能被彻底解除，并沿轴向取向，为建立有规律的首尾衔接关系创造条件。

加捻是利用回转运动，把牵伸后的须条（即纤维伸直平行排列的集合体）加以扭转，以使纤维间的纵向联系固定起来的加工过程。须条绕本身轴向扭转一周，即加上一个捻回。须条加捻后，其性能发生了变化，具有一定的强度、刚度、弹性等，达到一定的使用要求。

因此，在纺纱中，开松是对原有纤维集合体的初步松解，梳理使纤维基本达到松解。加捻则是最后巩固新形成的纤维集合体（纱或线），它们之间既各自对纤维进行作用，又有相互联系，如图1-2所示。

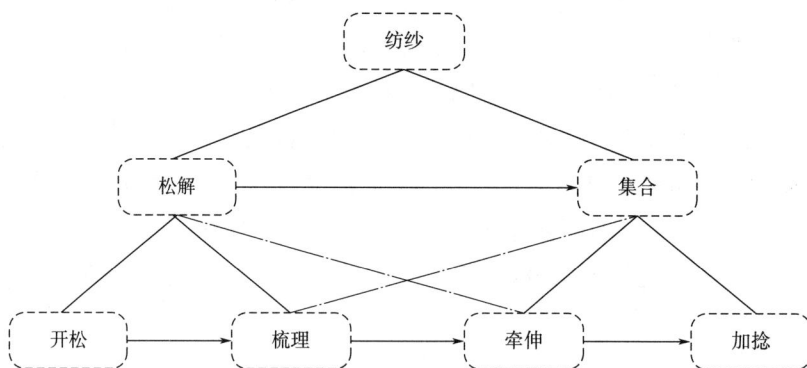

图1-2　纺纱中各步骤的相互关系简图

除以上四种对成纱有决定性影响的步骤或作用外，纺纱还包括其他步骤或作用，其中混合、除杂、精梳（去除不符合要求的短纤维和细小杂质）、并合可使产品更加均匀和洁净，从而提高纱线质量，但它们对能否纺成纱线没有决定性影响。

还有一类是使纺纱过程中前后道工序能相互衔接所不可缺少的过程，即卷绕过程，它包括做成花卷、装进条筒、绕于纱管上、络成筒子、摇成纱绞等。

纺纱是一个复杂的过程，若以成纱为目的来划分以上纺纱过程中的各种作用，并对其深入分析、抽象、演绎，可形成以下两个层面为主的纺纱原理。

（1）主层。包括开松、梳理、牵伸、加捻，它决定着成纱的可能性，也是纺纱必不可少的基本原理。

（2）次层。包括混合、除杂、精梳、并合，它与主层相配合，决定成纱的质量和加工工序的顺利程度。

另外，为使各加工阶段（工序）相互连接，卷绕也是不可缺少的。

上述开松、梳理、牵伸、加捻、混合、除杂、精梳、并合、卷绕九大纺纱原理，构成了纺纱学的理论体系。这些作用体现在纺纱工程的各工序中，且在各工序中又是相互重叠、共同作用的。

第二节　纺纱工艺系统

纺纱用的纤维原料主要有天然纤维和化学纤维两大类，常用的有棉纤维、绵羊毛纤维、特种动物纤维、蚕丝、苎麻纤维、亚麻纤维、黄麻纤维等天然纤维及棉型、毛型的常规和非常规化学纤维。它们各具特点，各有特性，有的差异非常显著，纺纱性能差别很大，至今难以采用统一的加工方法制成细纱。经过长期实践，形成了棉纺、毛纺、绢纺、麻纺等专门的纺纱系统。

一、棉纺纺纱系统

棉纺生产所用的原料除棉纤维外，还有棉型化学纤维等。根据原料的性能及对产品的要求，棉纺纺纱系统主要可分为三种纺纱系统。

1. 普（粗）梳系统

普（粗）梳系统在棉纺中应用广泛，用于纺中特或粗特纱，其纺纱加工流程如下。

原棉→配棉→开清棉→梳棉→并条（2~3道）→粗纱→细纱→后加工→棉型纱或线
　　　　　　　└──→ 清梳联 ──┘

2. 精梳系统

精梳系统用来生产对成纱质量要求较高的细特棉纱、特种用纱和细特棉混纺纱。因此，需要在普梳系统的梳棉工程后加上精梳工程，以去除一定长度以下的短绒及杂质疵点，进一步伸直平行纤维，提高细纱质量，其纺纱加工流程如下。

原棉→配棉→开清棉→梳棉→精梳准备→精梳→并条（1~2道）→粗纱→细纱→后加工纱或线
　　　　　　　└──→ 清梳联 ──┘

3. 废纺系统

为了充分利用原料，降低成本，常用纺纱生产中的废料在废纺系统上加工低档粗特纱，其纺纱加工流程如下。

下脚、回丝等→开清棉→梳棉→粗纱→细纱（副牌纱）

二、毛纺纺纱系统

毛纺生产所用的原料除绵羊毛外，还有毛型化学纤维及特种动物纤维，根据产品的质量要求及加工工艺的不同，可分为粗梳毛纺、精梳毛纺及半精梳毛纺三大系统。

1. 粗梳毛纺系统

该系统主要用于生产粗纺呢绒、毛毯、工业用织物的用纱，也称为粗纺系统，一般采用低等级的原料。原料除一般洗净毛外，还可用毛纺织厂的各种回用原料。纺制的线密度较高，一般在50tex以上，其纺纱系统流程如下。

原毛→初加工→选配毛→和毛→梳毛→细纱→后加工→毛粗纺纱

2. 精梳毛纺系统

该系统主要用于生产精纺呢绒、绒线、长毛绒等所用的纱线，也称为精纺系统。对原料要求较高，一般不搭用回用原料，纺制的纱线线密度较低，为13.9~50tex，且多用合股线，其纺纱系统流程如下。

原毛→初加工→制条→精纺［针梳（多道）→粗纱→细纱］

制条也叫作毛条制造，其产品为精梳成品条，可作为商品供精纺厂使用。毛条制造加工流程如下。

原毛→初加工→选配毛→和毛加油→梳毛→理条针梳（2~3道）→精梳→

整条针梳（2道）→成品精梳条

精纺厂一般从毛条厂购买成品精梳毛条作为原料来生产毛精纺产品，其加工流程如下。

精梳毛条→针梳（3~5道）→粗纱→细纱（毛精纺纱）

对产品质量要求高和毛条染色的产品，还需在精梳毛纺系统的前纺工程前加上一系列前纺准备工程（条染复精梳）。条染复精梳加工流程如下。

成品毛条→松球→装筒→条染→脱水→复洗→针梳（3道）→复精梳→

针梳（3道）→色条

3. 半精梳毛纺系统

精梳毛纺系统工艺流程长，若加工较粗（25~50tex）纱，则成本较高。故生产厂一般用梳毛条替代精梳成品条，在部分精梳毛纺系统设备组成的纺纱系统（半精梳毛纺系统）上加工。传统半精梳毛纺的纺纱加工流程如下。

洗净毛→和毛加油→梳毛→（2~3道）针梳→粗纱→细纱→（半精纺纱）

目前，更多的是采用棉纺设备进行精纺，其流程如下。

毛纺和毛→梳棉→并条→粗纱→细纱（半精纺纱）

三、麻纺纺纱系统

1. 苎麻纺纱系统

苎麻纺一般借用精梳毛纺系统的成套设备进行纺纱，只是对设备进行局部改造。纺得的纯苎麻纱一般在21~130tex，其纺纱系统（苎麻长麻纺纱系统）流程如下。

精干麻→梳前准备→梳麻→精梳前准备（2道）→精梳→精梳后并条（3~4道）→

粗纱→细纱→后加工→苎麻成品纱

而精梳的落麻，因长度短，一般与棉或化学纤维混纺，在棉纺普梳系统上加工，也可在粗梳毛纺系统上加工落麻与棉或其他纤维，生产混纺纱。

2. 亚麻（湿）纺纱系统

亚麻长麻纺纱系统所用的原料为打成麻，其纺纱加工流程如下。

打成麻→梳前准备→梳麻（栉梳）→成条前准备→成条→并条（5道）→

粗纱→煮漂→湿纺细纱→后加工→亚麻长麻成品纱

长麻纺的落麻、回麻则用亚麻短麻纺纱加工成纱，其纺纱系统如下。

落麻→开清及梳前准备→梳麻→并条→精梳→并条（3~4道）→

粗纱→煮漂→湿纺细纱→后加工→亚麻短麻成品纱

其中，亚麻短纺中的精梳落麻，还可以采用棉纺设备进行加工纺纱。

3. 黄麻纺纱系统

黄麻纺纱工艺流程较短，成纱线密度高，主要供织麻袋用，要求不高，其纺纱加工流程如下。

原料→梳麻前准备→梳麻（2道）→并条（2~3道）→细纱

四、绢纺纺纱系统

绢纺是利用不能缫丝的疵茧和疵丝加工成绢丝和䌷丝。前者在绢丝纺系统上，而后者在细丝纺系统上加工制成。

1. 绢丝纺系统

绢丝较细匀，适于织造绢绸。其纺纱加工流程如下。

绢纺原料→初加工（精练）→制绵→纺纱［针梳（3~4）道］→粗纱→细纱

绢丝纺系统工艺流程很长，原料经过初加工（精练）以后得到精干绵；精干绵经制绵以后得到精绵；精绵再经过纺纱得到绢丝（纱）。

制绵有圆梳制绵和精梳制绵两种加工系统。圆梳制绵较适合绢丝纤维细、长、乱的特点，制成的精干绵粒少、质量好，但工艺流程长、劳动强度大、生产率低，其工艺流程如下。

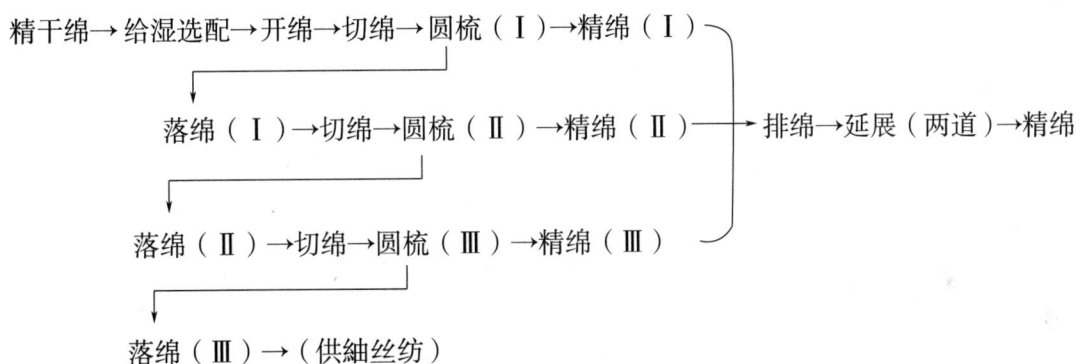

```
精干绵→给湿选配→开绵→切绵→圆梳（Ⅰ）→精绵（Ⅰ）─┐
         ↓                                              │
       落绵（Ⅰ）→切绵→圆梳（Ⅱ）→精绵（Ⅱ）─────├→排绵→延展（两道）→精绵
         ↓                                              │
       落绵（Ⅱ）→切绵→圆梳（Ⅲ）→精绵（Ⅲ）─────┘
         ↓
       落绵（Ⅲ）→（供䌷丝纺）
```

精梳制绵类似毛条织造系统，相对于圆梳制绵，其工艺流程较短，劳动强度较低，但质量不如前者，其工艺流程如下。

精干绵→选别→给湿→配绵（调和）→开绵→罗拉梳绵→胶圈牵伸→
针梳→直型精梳→精绵

2. 䌷丝纺系统

䌷丝纺系统使用制绵时的末道圆梳落绵（Ⅲ），可以采用棉纺的环锭或转杯纺纱系统，或粗纺梳毛纺系统制成䌷丝。䌷丝线密度高，手感蓬松，表面呈毛茸和绵结，用于织造绵绸。

虽然上述各种纤维的纺纱系统各不相同，但从本质上来说，各纤维的纺纱系统主要包括以下流程（毛、麻、绢纺中的针梳实际就是棉纺中的并条）。

普梳：开松→梳理→并条→粗纱→细纱
精梳：开松→梳理→精梳前准备→精梳→并条→粗纱→细纱

第二章　纤维原料准备

第一节　棉纤维脱糖及性能

棉花在生长过程中受环境、气候、栽培技术及虫害的影响，单糖无法完全聚合成纤维素而以单糖或低聚糖的形式存在于纤维中形成内源糖，虫害在棉纤维成熟期间排泄出的分泌物黏附在纤维表面形成外源糖。棉花上附着的昆虫分泌物和有些纤维在成熟过程中没有完全转换成纤维素的营养物质，均会以糖分的形式存在，形成含糖棉。带有黏性的含糖棉，在纺纱过程中，尤其是在高温高湿环境下，会因为纤维吸收水分而发黏，纤维之间互相粘连，在纺纱通道上积聚一层糖与纤维的覆盖层，产生"三绕"现象，严重影响纺纱生产的正常进行。因此，需要在纺纱前将其糖分去除。

一、棉纤维脱糖方法

生产实践证明，棉纤维的含糖量在0.3%以下时，纺纱生产可以正常进行。目前常用的含糖棉预处理方法有以下几种。

1. 喷水给湿法

将原棉在室温（20~25℃）、原棉含水量10%左右的条件下堆置24h，通过给湿将原棉中的糖分水解。该法最为简便，适合含糖量低、含水少的原棉。

2. 汽蒸法

采用烘房或蒸锅蒸棉，利用高温蒸汽使原棉中的糖分快速水解，有一定的去糖效果。其缺点是占地多、能耗大、影响纤维强力，并易产生泛黄现象。

3. 水洗法

采用天然水源或人工水池漂洗原棉，去糖较彻底。其缺点是费劳力、成本高、耗能源和污染环境，洗后纤维易扭结，结杂增加，色泽灰暗。

4. 酶化法

采用糖化酶加鲜酵母溶液的方法，促使原棉中的糖分分解，去糖效果较好。其缺点是温度要求较高（30~40℃），堆放时间较长（3~4天），且需定期翻动，费工费时，并且原棉含水量需控制在10%左右。

5. 防黏助剂法

防黏助剂也称消糖剂、乳化剂、油剂等。作用机理是使纤维表面生成一层极薄的隔离膜，并以纤维为载体不断地在纺纱通道上形成薄薄的油膜，起到隔离、平滑、减少摩擦、改善可纺性能的作用，且对纤维内在品质不会造成损害。防黏助剂的用量视原棉含糖量的高低而定，一般为原棉量的0.5%~2%。使用时，对于低含糖棉，可将助剂喷于或刷于松解棉包表面，或分层喷洒；对于高含糖棉，可在原棉抓取开松过程中，同时喷入助剂。助剂处理后的原棉需放置24h后使用。

防黏助剂价格适中，使用方法简便，消除含糖棉黏性效果明显，已被普遍采用。

二、原棉含糖量的测定

原棉含糖量的测定方法主要有721分光光度计法和柠檬酸钠比色法。柠檬酸钠比色法操作简单，测试速度快，且测试条件容易实现，因此纺织厂大多采用此法快速测定原棉含糖量以指导生产。然而，柠檬酸钠比色法只能定性测定原棉中所含还原糖分。分光光度计定量法测试步骤稍微复杂且测定时间长，但是能够对含糖量（还原糖与非还原糖）进行精确测定，能更准确地指导生产。不同测定方法对应的含糖棉种类见表2-1。

表2-1 不同测定方法对应的含糖棉种类

测定方法	不含糖棉	少含糖棉	多含糖棉
721分光光度计法（%）	<0.3	0.3~0.7	>0.7
柠檬酸钠比色法（级）	1~2	3~4	>4

第二节 毛纤维炭化及性能

从羊毛身上剪下的未经任何加工的毛称为原毛，原毛中含有的污染杂质经开毛、洗毛后，绝大多数都已去除，但是其中的植物性草杂是基本无法通过洗毛去除的。

去草方法可以采用机械法和化学法。机械法去草对纤维损伤较小，但是去草不彻底。化学法去草也称为炭化。可以用作炭化剂的药剂品种有很多，比如H_2SO_4、HCl、$AlCl_3$、$MgCl_2$、$NaHSO_4$等。但从草杂的脆化能力、工艺的简易性及经济性来看，以无机酸（H_2SO_4、HCl）的炭化效果为好。

采用H_2SO_4做炭化剂是在H_2SO_4水溶液中进行的，故称为湿炭化，在炭化液中常加入炭化剂（即表面活性剂）以促使草杂炭化、保护羊毛纤维。而采用HCl作为炭化剂是将盐酸加热产生的HCl气体对炭化对象进行炭化，故称为干炭化。

采用无机酸做炭化剂的炭化原理是利用草杂和羊毛纤维对无机酸作用稳定性的不同，使草杂类物质炭化、脆化，从而从羊毛纤维中分离出来。炭化的对象可以是纯净毛纤维，也可以是毛条、布匹或者碎呢片。

一、毛纤维炭化工艺

以散毛炭化工艺过程为例。此工艺常用于粗梳毛纺，使用散毛炭化联合机，主要包含以下几个阶段，如图2-1所示。

各工序的作用和要求如下。

浸酸和轧酸	使草杂吸收足够的硫酸溶液以利于炭化，但是要尽量减少羊毛的吸酸量，轧去多余酸液
↓	
烘干和烘焙	去除水分，脆化草杂
↓	
轧炭和打炭	粉碎炭化的草杂，用机械及风力将其从羊毛中除去
↓	
中和	清洗并中和羊毛上的硫酸
↓	
烘干	去除多余的水分，使纤维达到所要求的回潮率

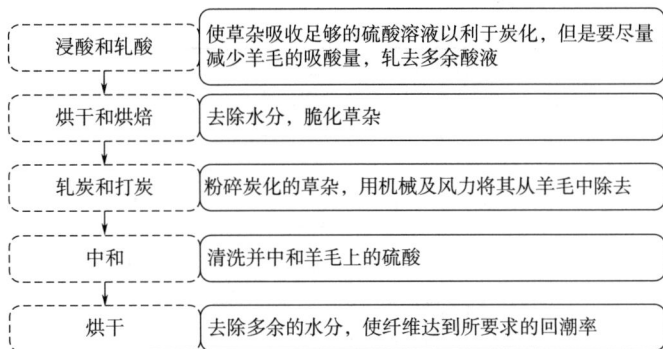

图2-1 散毛炭化工艺流程

（1）浸酸和轧酸。浸酸、轧酸一般用稀硫酸，采用两只槽，第一槽为浸渍槽，用来浸湿羊毛，用活水加浸润助剂使羊毛吸水均匀。第二槽为浸酸槽，酸液浓度范围32~54.9g/L，视洗净毛品种、含杂量与酸液温度而不同。酸液温度为室温，浸酸时间约4min。从轧酸、浸酸槽出来的羊毛经两对轧辊轧去多余酸液。

（2）烘干和烘焙。烘干和烘焙是植物质炭化的主要阶段，在烘干过程中，水分蒸发、硫酸浓缩，在高温烘烤过程中植物质炭化。为保护羊毛，先将羊毛在较低温度下预烘，一般为65~80℃，再经102~110℃的高温烘烤，这时因硫酸浓缩，植物质脱水成炭，因而羊毛损伤较小。若将含酸的湿羊毛直接进行高温烘烤，则会严重破坏羊毛角质，形成紫色毛，含水量越多破坏越大。

（3）轧炭和打炭。轧炭和打炭是使羊毛通过12对表面带有沟槽的轧辊，粉碎已经炭化的草杂质。各对轧辊速度逐渐加快且上下轧辊速度不同，羊毛和植物质受到轧、搓的作用，使炭化的植物质被粉碎并经螺旋除杂机去除。

（4）中和。该工序要求先用清水洗，然后用碱中和羊毛上的残余硫酸。中和工序包括三个槽，第一槽为清洗槽，洗去羊毛上附着的硫酸；第二槽用纯碱中和羊毛上的残余酸；第三槽用清水冲洗羊毛上的残余碱。

（5）烘干。最后轧去羊毛中的水分并烘干，即得到除去草杂质的炭化净毛。

二、炭化毛的质量检验

炭化毛的质量对原材料的消耗、成品的质量有着不可忽视的影响，一定要做到手感蓬松、有弹性、强力损失小、洁净而富有光泽、色白不泛黄。不同质量的含草羊毛经炭化后，其炭化毛的质量要求见表2-2。

表2-2 炭化毛的质量要求

类别	含草杂率（%）	含酸率		回潮率		结块发并率（%）	含油脂率（%）
		等级	标准（%）	标准	范围（%）		
16.7tex以下（60公支以上）外毛	0.05	1	0.3~0.6	16	8~16	3	—
17.2tex以上（58公支以下）外毛	0.04	1	0.3~0.6	16	9~16	3	—

类别	含草杂率（%）	含酸率		回潮率		结块发并率（%）	含油脂率（%）
		等级	标准（%）	标准	范围（%）		
1~2级国毛	0.07	1	0.3~0.6	15	8~15	3	—
3~5级国毛	0.05	1	0.3~0.6	15	8~15	3	—
16.7tex以下（60公支以上）精梳短毛	0.15	1	0.3~0.6	16	9~16	—	0.4~1.2
17.2tex以上（58公支以下）精梳短毛	0.10	1	0.3~0.6	16	9~16	—	0.4~1.2
1~2级国毛短毛	0.20	1	0.3~0.6	15	8~15	—	0.4~1.2
3~4级国毛短毛	0.10	1	0.3~0.6	15	8~15	—	0.4~1.2

第三节　绢纺原料精练及性能

绢纺原料来自养蚕、制丝、丝织业的下脚料（疵茧、废丝）。按蚕的食料可以分为桑蚕原料、柞蚕原料和蓖麻蚕原料。其中，桑蚕原料最多，柞蚕原料次之，蓖麻蚕原料最少。绢纺原料中除了含有丝素、丝胶、少量的色素、蜡质、碳水化合物外，还含有蛹油、夹带杂质。杂质及过多丝胶、蛹油的存在使绢纺原料无法纺纱，所以纺纱前必须去除，去除的过程叫作精练。

精练的目的在于去除绢纺原料上大部分丝胶、油脂及尘土等杂质，制成较为洁净、蓬松、有一定刚弹性的单纤维（精干绵）。

一、绢纺原料精练工艺

绢纺原料的精练过程包括精练前处理、精练及精练后处理三个工序。

1. 精练前处理

绢纺原料品种多，产量差异大，即使同一种原料，也因产地和处理方法不同而不同，故必须进行包括原料选择、扯松和除杂三项工作在内的精练前处理。按照原料品质进行分档，有利于确定精练方法和精练工艺。对其中的硬块进行扯松或拣除，去除原料中某些杂质和蛹体，最后还要根据精练设备的容量要求定量装袋，以利于精练工艺顺利进行。

2. 精练

按精练原理可以分为化学精练和生物化学精练。

（1）化学精练。化学精练利用化学药剂的作用，促使绢纺原料脱胶、除油脂。

①脱胶基本原理。丝胶易溶于水，抵抗化学药剂的能力较弱。茧丝上的丝胶以凝胶状态存在，在水溶液中，丝胶中的亲水基团与水分子发生水化作用，在水分子作用下丝胶中的一部分氢键断裂，从而使丝胶发生一定膨润。随着温度上升，水分子热运动动能增加，大量的水分子进入茧层丝胶中，丝胶中的氢键继续断裂，直至全部破坏，丝胶便溶于

水中形成均匀的丝胶溶液。酸、碱、盐都能促进丝胶的膨润溶解。

②除油脂基本原理。蛹油是高级脂肪酸甘油酯的混合物。碳酸钠对油脂有一定的皂化作用，但是主要通过表面活性剂的乳化作用来去除油脂的。影响化学精练质量的因素有练液温度、练液pH、精练时间、练液浴比、练液中药剂浓度及练液中丝胶浓度。

③化学精练方法。根据精练时采用的化学药剂，可以分为皂碱精练和酸精练。

皂碱精练：精练时在练液中加入碳酸钠或者硅酸钠等碱性盐和表面活性剂（肥皂或105洗涤剂）等，以去除丝胶油脂。当练液温度为90~98℃时称为高温练，60~70℃时称为低温练。根据精练的次数，还可以分为初练和复练等。

酸精练：精练时在练液中加入硫酸等，以去除丝胶。由于丝胶的等电点偏酸性，即pH偏小时有利于脱胶，但是pH太低又会影响纤维强力，因此酸精练的脱胶效果较差。

（2）生物化学精练。

①生物化学精练原理。利用酶催化丝胶、油脂水解而去除。即：丝胶或油脂+酶→中间络合物→肽、氨基酸或脂肪酸、甘油+酶。

影响生物化学精练质量的因素有温度、pH、酶浓度、活化物或抑制物。

②生物化学精练方法。根据生物酶的来源，可以分为腐化练和酶制剂练。

腐化练：是常用的除油效果较好的一种方法，利用微生物的新陈代谢作用所分泌出的酶，使丝胶、油脂水解。

酶制剂练：是将生物体中的酶做成酶制剂，直接作用于原料使丝胶、油脂水解。

3. 精练后处理

精练后处理包括洗涤、脱水和干燥等工序。

二、精练要求

绢纺原料的精练要不损伤或尽量少损伤丝素。除此之外，还有特殊要求，即要求精练后的丝纤维（精干绵）残油率低于0.55%，残胶率在3%~5%。因为若残油率过高，纤维粘并，纺纱过程中容易产生绕皮辊、绕罗拉等现象，使纺纱无法正常进行。若丝纤维表面丝胶含量过低，则丝纤维强力低、硬挺性差，使纤维毛茸较多，梳理过程中容易拉断，绵结增多，而纺纱、牵伸过程中牵伸力过大，影响条干。

三、精干绵品质检验

精干绵的品质检验分为理化测试和外观检验两部分。

（1）理化测试。精练所得到的丝纤维（精干绵）的品质主要由残油率和残胶率来衡量，精干绵残油率和残胶率的测试按照行业标准进行。精干绵理化测试指标见表2-3。

表2-3　精干绵理化测试指标

项目	残胶率（%）	残油率（%）	洁净度（度）	回潮率（%）
数值	3~7	<0.5	<30	6~9

（2）外观检验。精干绵外观检验通常是通过人的目光、手感、嗅觉等来直观检验，主要从精干绵的色光、蓬松度、手扯强力、均匀度、绵结数、油味等方面进行。精干绵的洁白程度、松散及黏腻程度通过手感目测的方法测试。

第四节　麻纤维脱胶及性能

麻纤维是韧皮纤维、叶纤维和果壳纤维的总称。我国纺织工业中所加工的麻纤维主要是韧皮纤维，即取自韧皮植物韧皮部的纤维，包括苎麻、亚麻、大麻、黄麻、红麻、剑麻等。其中尤以亚麻、苎麻、黄麻、红麻的用量大，但黄麻、红麻因纤维较粗、较硬，目前主要局限在包装和装饰等用途，加工流程比较简短。

根据韧皮植物茎的结构特点（图2-2），要制取纤维首先必须分离出韧皮部。各种麻植物茎各部分的生长情况不同，制取韧皮部的方法也不同。例如，苎麻的麻茎较粗，且木质部和保护组织都很发达，因此必须经过剥皮（麻皮与木质部的分离过程）与刮青（青皮与韧皮部的分离过程）才能制取韧皮部。其他麻也必须根据其茎的结构特点进行初步加工。

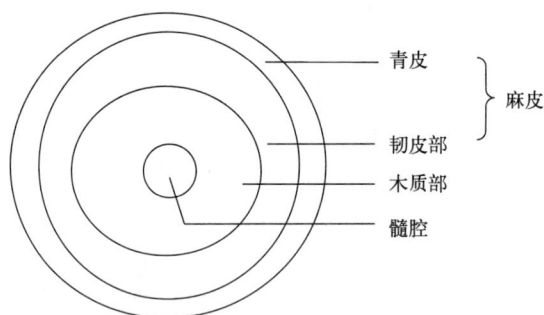

图2-2　韧皮植物茎的横截面示意图

麻纤维在韧皮部中是靠胶质黏结在一起成片条状的，因此在从茎中分离出韧皮部后，还必须脱除胶质，分离出纤维才能用于纺纱。各种麻纤维性能不同，有的比较细、长，适合单纤维纺纱，需要全脱胶，如苎麻等；有的则比较短，不适合单纤维纺纱，需要保留一部分胶质，采用束纤维纺纱，称为半脱胶，如亚麻、大麻、黄麻等。麻纤维的脱胶要求：脱除韧皮部中的部分或全部胶质；脱胶不损伤或尽量少损伤纤维固有的力学性能。

一、脱胶基本原理

一般麻纤维含有60%~80%的纤维素及20%~40%的非纤维素胶质。这种胶质均为高分子化合物，多半为多糖类碳水化合物，少量为芳香族化合物。麻纤维的化学成分主要有纤维素、半纤维素、果胶、木质素、水溶物、脂蜡质、灰分等。各成分的含量随着麻品种、土壤、雨量、温度、日光、肥料、收割等各种不同的生长与收获条件的变化而不同。目前，麻纤维脱胶主要有化学脱胶和微生物脱胶两种方法。

1. 化学脱胶

化学脱胶是根据原麻中纤维素和胶质成分化学性质的差异，以化学处理为主去除胶质的脱胶方法。由于纤维素和胶质对烧碱作用的稳定性差异最大（表2-4），因此，化学脱胶采用以碱液煮练为主的方法进行。其他化学药剂的处理，如酶和氧化剂的处理以及物理机械方法的处理等，可以作为辅助手段帮助脱胶。化学脱胶可以较快且较稳定地去除原麻中绝大部分胶质，达到脱胶要求。所以，目前国内外苎麻工业脱胶基本上采用化学脱胶的方法。

表2-4　纤维素及各胶质成分在常见化学药剂中的稳定性

成分	热水	无机酸	氢氧化钠溶液	氧化剂	其他
纤维素	稳定	水解	稳定	氧化	溶于铜氨溶液、铜乙二胺溶液
半纤维素	部分可溶	水解	溶解	氧化	—
果胶物质	部分可溶	水解	温度较高、时间较长、可溶	氧化	易溶于草酸铵溶液
木质素	稳定	极其稳定	高温、长时间、可溶	氧化，氧化木质素可溶于热碱溶液	易氧化
脂蜡质	软化	水解	皂化	氧化	溶于有机溶剂

2. 微生物脱胶

微生物脱胶利用微生物来分解胶质，主要有两种途径。一种是将某些脱胶细菌或真菌加在原麻上，将麻中的胶质作为营养源来大量繁殖，在繁殖过程中分泌出一种酶来分解胶质。传统的天然水沤麻微生物脱胶方法，就是利用脱胶菌在繁殖过程中产生的酶来分解胶质，使相对分子质量高的果胶和半纤维素等物质分解为相对分子质量低的组分而溶于水中。另一种是直接利用酶进行脱胶，即将酶剂稀释在水中，再将麻浸渍其中进行脱胶。

由于生物脱胶的彻底性、快速性及稳定性等仍有不足，因此目前生物脱胶通常都与化学后处理相结合进行脱胶。

近年来，蒸汽爆破技术、超声波技术等现代物理技术在麻脱胶的应用已引起人们的注意，这些新的脱胶方法简便快捷、无化学污染，对纤维损伤小，但尚处于实验探索阶段。

二、精干麻品质要求

以苎麻和亚麻为例介绍精干麻品质要求。

1. 苎麻

脱胶后的精干麻要求色泽一致、无异味、手感柔软、松散。造成纤维松散度和色泽差问题的主要环节是煮麻和敲麻工序，应当对这两道工序充分重视。精干麻疵点主要表现为附壳、斑麻、病斑、虫斑等，生产中应尽量消除。我国苎麻精干麻的技术要求见表2-5。

表2-5 我国苎麻精干麻的技术要求

项目		普通品	优级品	特优品
纤维	线密度（dtex）	≤7.69	≤6.25	≤5.56
	公支	≥1300	≥1600	≥1800
束纤维断裂强度（cN/dtex）		≥3.53	≥3.53	≥3.9
白度		≥50.0	≥55.0	≥60.0
回潮率（%）		≤9.00	≤9.00	≤9.00
残胶率（%）		≤4.00	≤3.00	≤2.00
含油率（%）		0.80~2.00	0.80~2.00	0.80~2.00

2. 亚麻

亚麻由于单纤维的长度短，仅15~25mm，难以直接纺纱。因此在纺纱前，一般采用沤麻工艺，去除少量胶质，使纤维松散，而残留的胶质将单纤维粘连成可以纺纱的工艺纤维（束纤维）。在纺纱中，为进一步提高可纺性和成纱质量，在形成粗纱后，再对亚麻粗纱进行一次脱胶（煮练或者煮漂），进一步去除部分胶质，分散纤维，但此时亚麻仍是半脱胶状态。

经过脱胶后的打成麻的品质指标，包括长度及其均匀度、纤维强度、可挠度、油性、纤维分裂度、纤维的成条性、含杂率、色泽和吸湿性等。一般用麻号综合标记打成麻的品质等级，其标准见表2-6。麻号高的表示麻纤维品质好、可纺性能高。

表2-6 浸渍打成麻的品质等级标准

等级	麻号	强力（N）	长度（mm）	含杂率（%）（联合机加工成的打成麻）
一	18~20	>245	>550	<3
二	15~17	>206	>550	<3
三	12~14	>157	>550	<4
四	9~11	>137	>450	<4
五	3~8	>137	>450	<5

第三章　纺纱工艺与设备

第一节　开清棉工艺与设备

一、实验目的与要求

（1）了解开清棉工艺流程。

（2）了解抓棉机、混棉机、开棉机和成卷机的主要结构和工艺过程。

二、基础知识

纺织用各种纤维原材料，如棉花、羊毛、化学纤维等，由于大多数以压紧捆包的形式运进纺织厂，并且由于纤维天然并合在一起，在梳理加工前须对这些原料进行扯松分解，同时清除各种杂质和疵点，还要将各种成分的原料进行初步混合，这个加工过程在短纤维纺纱系统中称之为开清工序。在棉纺工业生产中最基本的设备配置为：抓棉机→混棉机→开棉机→双棉箱给棉机→单打手成卷机。

三、实验设备

抓棉机、混棉机、开棉机、双棉箱给棉机、单打手成卷机。

四、实验内容

1. 抓棉机的组成及工作原理

抓棉机根据抓棉小车运行方式不同可分为：环行式自动抓棉机与直行往复式自动抓棉机两种。

环行式自动抓棉机主要由输棉管道1、伸缩管2、抓棉小车3、抓棉打手4、内圆墙板5、外圆墙板6、地轨7、肋条8等组成，如图3-1所示。小车机架由支架连接，内侧由中心轴支撑，外侧由两只转动滚轮支撑。滚轮沿地轨做顺时针环行回转。打手机架由四根丝杠支撑，外侧两根丝杠固定在打手机架上，螺母转动；内侧两根丝杠转动，螺母固定在打手机架上。当外侧两根丝杠的螺母与内侧两根丝杠同步转动时，便带动打手做升降运动。抓棉小车运行时，肋条压紧棉包表面，打手刀尖伸出肋条逐包抓取棉块，由下台机器的凝棉器风扇产生的气流，经输棉管送至下台机器。抓棉小车回转一周，打手下降3~6mm，故打手下降是间歇性的。

直行往复式自动抓棉机（图3-2）由抓棉器2、转塔7和直行小车8等组成。抓棉器2及其平衡重锤挂在转塔7顶部的轴上，并能沿转塔的立柱导轨做升降运动。转塔7则与直行小车8相连接，它们共同沿两条地轨13做往复直行运动。抓棉打手3能在直行小车8做往返双

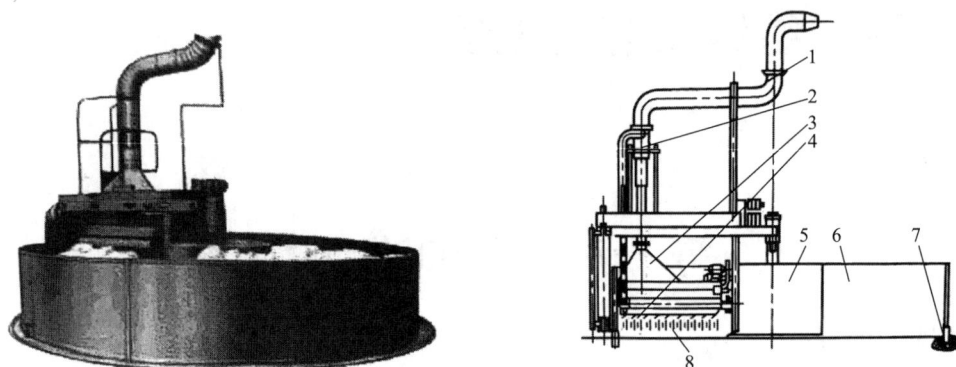

图3-1 环行式自动抓棉机

向行程时抓棉，也能在直行小车8单向行程时抓棉。抓棉小车运行时，两组肋条4相互错开并压在棉堆的表面，在肋条和压棉罗拉5都压住棉堆的情况下，打手刀片即相继抓取棉堆表面上的原棉并将其开松成较小棉块；接着，棉块被打手上抛到罩盖内，并由气流输送经伸缩管6和固定输送管道11而输出。小车8走到一端转向时，抓棉器2即下降2~10mm。地轨的两侧都可铺放棉包。如将转塔7相对于小车8调转180°，就可在新的一侧继续抓棉生产。

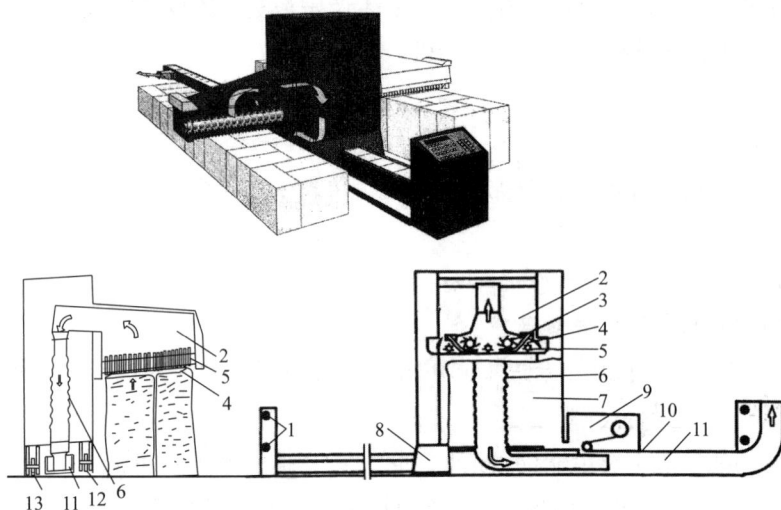

图3-2 直行往复式自动抓棉机

1—光电管　2—抓棉器　3—抓棉打手　4—肋条　5—压棉罗拉　6—伸缩管
7—转塔　8—直行小车　9—卷带装置　10—覆盖带　11—输送管道　12—行走轮　13—地轨

环行式又称圆盘式，直行式又称往复式，这两种自动抓棉机的区别主要在于抓棉小车的运行方式不同。自动抓棉机根据抓取原理又可分为上抓式和下抓式；根据抓取方法不同可分为角钉滚筒抓取、锯片抓取和夹持装置抓取等。

2. 自动混棉机和双棉箱给棉机两种棉箱机械的结构和作用

（1）了解梳棉帘、压棉帘、角钉帘、均棉罗拉、剥棉打手、清棉罗拉、回击罗拉、尘格、尘棒的结构。

（2）了解摆斗铺层机构的组成。

（3）了解摇栅与摇板的结构、组成及作用。

（4）了解"V"形帘的结构和作用。

（5）了解凝棉器与棉箱的连接方式。

3．多仓混棉机的结构与作用

（1）了解多仓混棉机的喂给方式。

（2）了解多仓混棉机各仓储棉高度的调节方法与原理。

（3）了解多仓混棉机的输出方式。

4．六滚筒开棉机和豪猪式开棉机的结构和作用

（1）熟悉豪猪打手、梳针滚筒结构。

（2）了解三角尘棒结构，尘棒的工作面、底面、顶面的相对位置及作用。

（3）了解储棉箱内摇栅、水银开关、调节板的结构以及它们是如何调节棉箱内储棉量的。

（4）了解给棉罗拉的结构。

（5）了解尘箱的构造，前后箱与进风的位置。

5．凝棉器的型式、结构特点和作用

（1）了解凝棉器尘笼的结构及其表面网眼的特点和形式。

（2）了解均棉筒、六叶皮打手的结构和作用。

（3）了解风扇的结构及其叶片的形式，尘笼与风道的连接方式。

6．轴流开棉机的各主要机件的结构和作用

（1）了解轴流开棉机滚筒的结构及其特点和作用。

（2）熟悉轴流开棉机除杂方式。

7．单打手成卷机各主要机件的结构和作用

（1）熟悉天平调节装置的结构和作用，以及棉卷偏轻或偏重时天平装置是如何调整的。

（2）了解综合打手的结构、刀片与梳针的形状、植针方向、打手臂的形状。

（3）了解尘笼的结构和网眼的形式，并与凝棉器尘笼进行比较。

（4）了解尘笼吸风道的结构。

（5）了解制动装置及加压安全装置。

五、作业与思考题

（1）绘制开清棉工艺流程图，并用箭头标出纤维在各机内的运行方向与路线。

（2）均棉罗拉的作用是什么？怎样调节它与角钉帘之间的隔距？

（3）多仓混棉机各仓储棉高度是如何调节的？

（4）比较自由式和握持式两种开棉机械的开松方法。

（5）天平调节装置的作用是什么？棉卷的纵向和横向均匀度是如何控制的？

第二节　盖板梳理工艺与设备

一、实验目的与要求

（1）了解盖板梳理机的工艺流程。

（2）了解盖板梳理机的结构及各机件的主要作用。

（3）了解盖板梳理机的传动系统。

梳棉机操作演示

二、基础知识

原棉或棉型化纤经开清棉工序后制成棉卷，由于在棉卷中含有大量的小棉束、杂质、疵点等，因而还需要进行梳理加工，将小棉束进一步分解成单纤维，并清除杂质和疵点。因此，盖板梳理机的任务如下。

（1）梳理。将棉束进行细致的梳理，使其分解成单纤维。

（2）除杂。清除棉卷中的杂质和疵点。

（3）混合。使纤维进行充分混合。

（4）成条。制成符合一定规格和质量要求的棉条（俗称生条），并有规律地圈放在条筒内。

三、实验设备

DSCa–01小型数字式梳棉机试验机。

四、实验内容

1. 梳棉机的组成

本小型数字式梳棉机试验机主要由喂给、预梳部分，主梳部分，输出部分等组成。

（1）喂给、预梳部分。由给棉板、给棉罗拉、刺辊、除尘刀、刺辊分梳板、三角小漏底等组成。

（2）主梳部分。由锡林、盖板、前上罩板、前下罩板、大漏底等组成。

（3）输出部分。由道夫、剥取罗拉、转移罗拉、上下轧辊、大压辊等组成。

2. 梳棉机的主要结构和作用

（1）给棉、刺辊、除杂、开松部分。本部分由输棉罗拉、输送带、给棉罗拉、给棉板、刺辊、除尘刀、小漏底等机件组成，其主要作用是开松、除杂和排除短绒。

均匀地平铺在输送带上的棉花和化学纤维，由输送带送至给棉罗拉。纤维在给棉罗拉和给棉板压紧后输送给刺辊。刺辊表面包有金属针布，在高速转动下针布不断刺入给棉罗拉送来的棉层，使纤维不断得到开松和梳理，通常称此过程为握持分梳。刺辊下部装有除尘刀和小漏底，开松后纤维中的杂质通过刺辊转动时的离心力及除尘刀和小漏底的除杂作用，约可排除70%杂质，并可排除部分短绒。

给棉罗拉采用重锤加压，移动重锤、改变杠杆比即可改变给棉罗拉的加压重量。在加压不足的情况下，会出现给棉罗拉对纤维握持力不够，纤维层成块被带走的现象。在这种情况下应把给棉罗拉加压重锤沿着杠杆外移。

给棉罗拉最大加压重量计算如下。

给棉罗拉自重约m_1：

$$m_1 = \rho \times V = 7.8 \times 10^{-6} \ (\ \pi \times 57^2 \times 260/4 + \pi \times 30^2 \times 100/4 + \pi \times 25^2 \times 68/4 + \pi \times 16^2 \times 30/4\ ) = 6\ （kg）$$

两侧杠杆自重约m_2：

$$m_2 = \rho \times V = 2 \times 7.8 \times 10^{-6} \times \pi \times 16^2 \times 405 = 5.08\ （kg）$$

两侧两只重锤重约m_3：

$$m_3 = \rho \times V = 2 \times 7.8 \times 10^{-6} \times （132 \times 70 \times 85 - \pi \times 16^2 \times 132）= 10.6\ （kg）$$

给棉罗拉最大加压重量p：

$$p = （6 + 1.28 \times 195/32 + 10.6 \times 360/32）/26 = 5.1\ （kg/cm）$$

本机给棉板分A、B型两种，A型用于梳理51mm以下的棉纤维和化学纤维。B型用于梳理51~65mm的中长纤维。在使用时要注意给棉板的型式是否与所纺纤维长度相适应。

本机刺辊转速可在260.4~885.4r/min调节，一般高转速用于加工短纤维、低转速用于加工中长纤维。在使用中如果发生纤维从刺辊向锡林转移不良的情况时，可及时调节刺辊的转速。

（2）锡林、盖板分梳混合部分。本部分由锡林、盖板、盖板支撑、大漏底等机件组成。其主要作用是高度分梳。纤维从刺辊转移到锡林后，进入盖板区域，锡林表面线速度为1099~1868.3m/min，而盖板静止不动，绝大部分纤维在锡林和盖板针布之间高度分梳成单纤维状态。锡林下部装有大漏底，可以托持纤维并可以排除短绒。

锡林表面的纤维部分被道夫带走，大部分仍留在锡林表面与下次刺辊带来的纤维混合。故锡林与盖板除分梳作用外，还有混合作用。

本机采用固定盖板。14根盖板均布装在盖板支撑上，试验后需旋开螺栓将盖板支撑向一侧翻起，以便清除盖板上的纤维和杂质。清除完毕后，再将盖板支撑翻下，并用定位螺栓固紧。

（3）道夫、斩刀、卷条、剥棉、卷绕部分。本部分由道夫、斩刀和成卷滚筒等机件组成，其主要作用是凝聚纤维，形成棉网，并把棉网绕在成卷滚筒上。

道夫表面包有握持力较小的金属针布，而且道夫表面线速度约为锡林表面线速度的1/100。所以从锡林转移到道夫上的纤维凝聚成棉网，而后斩刀以超过1000次/min的高速摆动把棉网从道夫表面剥下，并卷绕在成卷滚筒上。

成卷滚筒的直径为242mm、有效宽度为260mm，棉网一层一层地绕在成卷滚筒上。30~50g原料纺成棉网约达50层，这样相当于进行了50次的纵向并合，这对于均匀度较差的棉网是一次较好的补偿。

（4）机器罩壳部分。本部分由机架、托盘和罩板等机件组成。托盘放在刺辊、锡林和道夫的下面,以盛放落棉落杂。罩板的作用主要是把转动件罩起来,防止发生事故。

3. 梳棉机的传动及工艺计算

(1)传动方式如图3-3所示。

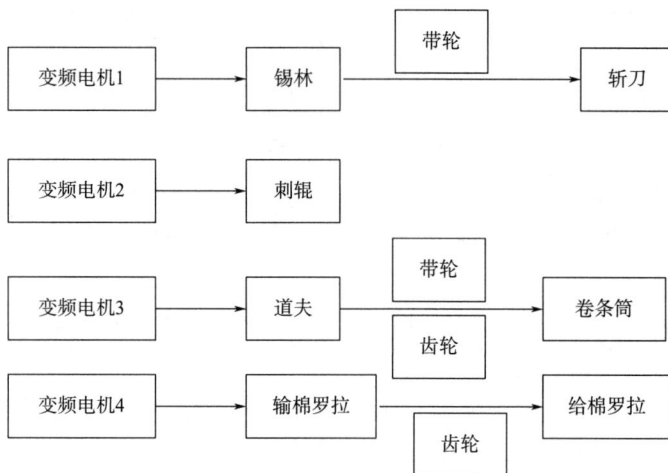

图3-3　梳棉机传动方式示意图

(2)工作机件转速计算。

$$锡林转速 n_{锡}=500\sim850\text{r/min}$$

$$刺辊转速 n_{刺}=260.4\sim885.4\text{r/min}$$

$$斩刀摆动次数 n_{斩}=n_{锡}\times1.5=750\sim1275\text{r/min}$$

$$道夫转速 n_{道}=10.2\sim17.36\text{r/min}$$

$$成卷滚筒转速 n_{成}=n_{道}\times0.8=8.16\sim13.89\text{r/min}$$

$$给棉罗拉转速 n_{给}=n_{输}\times54/46=0.281\sim0.478\text{r/min}$$

$$输棉罗拉转速 n_{输}=0.24\sim0.41\text{r/min}$$

(3)工作机件表面速比。

$$给棉罗拉 v_{给}:输棉罗拉 v_{输}=57/60\times54/46=1.1$$

$$刺辊 v_{刺}:给棉罗拉 v_{给}=1605.6\sim9286.8$$

$$锡林 v_{锡}:刺辊 v_{刺}=2\sim4$$

$$锡林 v_{锡}:道夫 v_{道}=60\sim173$$

$$成卷滚筒 v_{成}:道夫 v_{道}=1.09$$

(4)总牵伸倍数。

$$\frac{v_{成}}{v_{给}}=72.5\sim209$$

4. 梳棉机的操作规程与注意事项

(1)通电后,监控界面如图3-4所示。

(2)用手指轻按图标 后,界面转换菜单界面如图3-5所示。

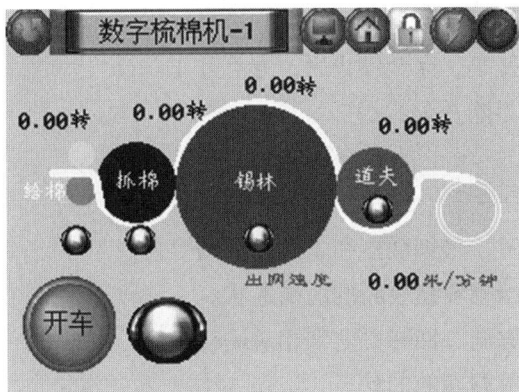

图3-4　监控界面

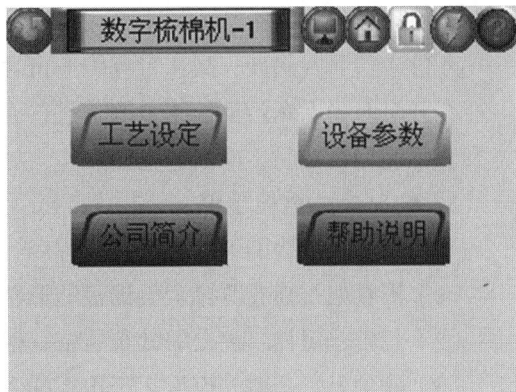

图3-5　菜单界面

（3）轻按 工艺设定 按钮，界面转换运行参数设置界面，如图3-6所示。

（4）此时，可对开松与给棉、锡林与开松、锡林与道夫速比和锡林转速进行设定，轻按相应数字对话框，出现如图3-7所示界面。

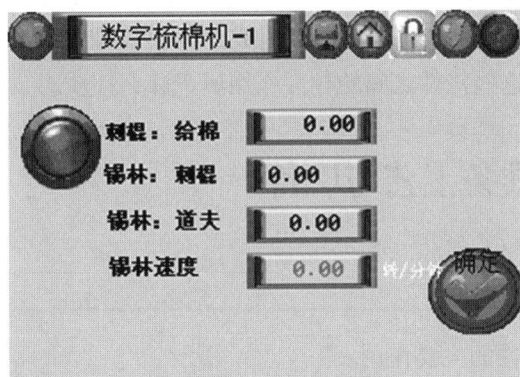

图3-6　运行参数设置界面

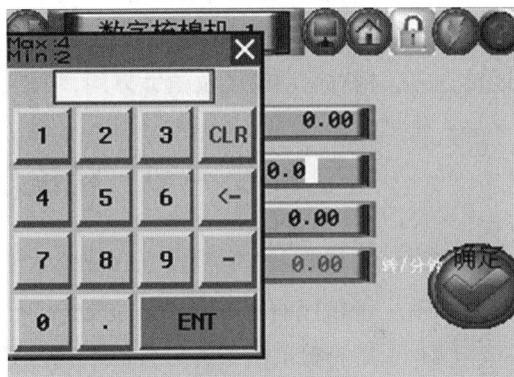

图3-7　梳棉工艺参数设定界面

（5）轻按相应的数值输入空白框中，最后按 按钮。工艺设定完毕后，轻按图标 ，画面返回到如图3-4所示界面。

（6）梳棉工艺设置。

①刺辊给棉比是指刺辊表面线速度除以给棉罗拉线速度，机械设置范围为1605~9280。

②锡林刺辊比是指锡林表面线速度除以刺辊表面线速度，机械设置范围为1~5。

③锡林道夫比是指锡林表面线速度除以道夫表面线速度，机械设置范围为60~200。

④锡林速度是指设备的运行转速，该设备以锡林的转速衡量车速。

（7）注意事项。DSCa-01小型数字式梳棉试验机在机器侧面设置万能转换开关，作为本机的总电源开关，箱体上具有开车、点动、停车、急停四个按钮。使用时需注意以下几点。

①开车前，确保隔离开关和万能转换开关处于闭合状态。

②开车前必须根据用户需要设定工艺参数，无工艺参数状态下不可开车。

③按压按钮时间持续0.5s以上，防止控制信号受干扰引起误动作。

④停车信号发出后，减速过程中不可再次开车，完全停止后，方可开车。

⑤开车时确保车门都处于关闭状态，否则不能开车。

⑥不使用机器时，应断开电源。

5．进一步观察和了解

在初步了解机构的组成和工艺流程后，进一步仔细观察和了解以下内容。

（1）棉卷架、棉卷罗拉、给棉板的形状和给棉罗拉表面的沟槽形状。

（2）刺辊、锡林、道夫的针布规格，植针方向、回转方向和相对运动速度。

（3）除尘刀、刺辊分梳板、三角小漏底、大漏底的形状。

（4）盖板的形状、针布规格和运动速度。

（5）全机的传动系统。

五、作业与思考题

（1）说明梳理机是如何完成除杂过程的。

（2）绘制出盖板梳理机的工艺简图，说明盖板梳理机的结构组成，标出梳理机件的运转方向、相对运动速度及植针方向，并说明这些机件之间的相互作用属于什么性质。

第三节　精梳前准备工艺与设备

一、实验目的与要求

（1）了解精梳前准备的工艺过程。

（2）了解精梳前准备各机台的结构及各机件的主要作用。

二、基础知识

梳理机输出的条子，通常称为生条，表示其虽然已具有条子的外形，但其内在品质还不够好，因此，生条必须先经过精梳前准备才能在精梳机上加工，在棉型和毛型纺纱系统中，精梳前准备工序的目的与任务都是一样的，只是使用的机台有所不同。

精梳前准备的目的如下。

（1）提高条子中纤维的伸直度、分离度及平行度，减少精梳过程中对纤维、机件的损伤，以及落纤量。

（2）做成符合精梳机喂入的卷装，并有效提高条子或小卷的均匀度。

1．棉纺精梳前准备

棉纺精梳前准备机械有预并条机、条卷机、并卷机和条并卷联合机四种，除预并条机是与常规的并条机相同外，其他三种均为精梳准备专用机械。

棉纺精梳前准备的工艺流程有以下三种。

①预并条机→条卷机。机器占地面积少，结构简单，但小卷中纤维的伸直平行度不

够，且小卷的横向均匀度差。

②条卷机→并卷机。小卷成形良好，层次清晰，且横向均匀度好。

③预并条机→条并卷联合机。占地面积大，条子并合数多，小卷中纤维伸直平行度好、重量不匀率小，较易发生黏卷。

2. 毛纺精梳前准备

毛纺精梳前的准备工序一般由2~3台针梳机组成，国产设备采用3台针梳机居多。毛条中的纤维在牵伸过程中除受到周围纤维的摩擦作用外，还受到针板上梳针的梳理作用。梳毛条中的弯钩纤维经2~3次的针梳之后大部分弯钩可以消除。由于使用6~8根毛条喂入及2~3道针梳机的反复并合，故对精梳条的均匀度有较大的改善作用。

3. 麻纺、绢纺精梳前准备

苎麻纺、亚麻纺（短麻纺）和绢纺采用直型精梳机时，精梳前准备的要求与毛纺精梳前准备基本相同，但在进行麻、绢精梳加工时，因纤维的伸直度与分离度较好，一般精梳前准备工序均采用两道（偶数）针梳机。

三、实验设备

条卷机、并卷机和条并卷联合机。

四、实验内容

本实验主要介绍条卷机、并卷机和条并卷联合机。

1. 条卷机

目前国内使用的条卷机型号较多，但其工艺过程基本相同。如图3-8所示，棉条2从机后导条台两侧导条架下的20~24个棉条筒1中引出，经导条辊5和压辊3引导，绕过导条钉转向90°后在V形导条板4上平行排列，由导条罗拉6引入到牵伸装置7，经牵伸后的棉层

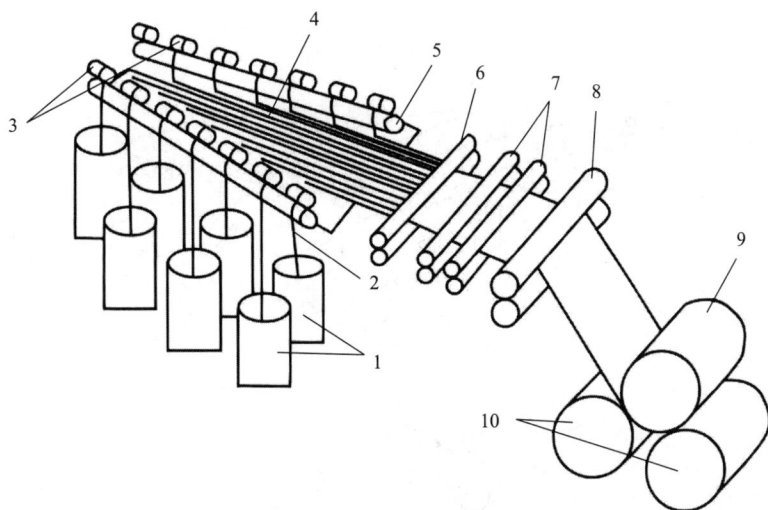

图3-8 条卷机工艺流程

由紧压辊8压紧后，由棉卷罗拉10卷绕在筒管上制成小卷9。筒管由棉卷罗拉的表面摩擦传动，两侧由夹盘夹紧并对精梳小卷加压以增大卷绕密度。满卷后，由落卷机构将小卷落下。换上空筒后继续生产，一般情况下，一台条卷机可配4~6台精梳机。

2. 并卷机

并卷机的工艺流程如图3-9所示。六只小卷1放并卷机后面的棉卷罗拉2上，小卷退解后，分别经导卷罗拉3进入牵伸装置4，牵伸后的棉网通过光滑的曲面导板5转向90°，在输棉平台上六层棉网并合后，经输出罗拉6进入紧压罗拉7，再由成卷罗拉8卷绕成精梳小卷9。

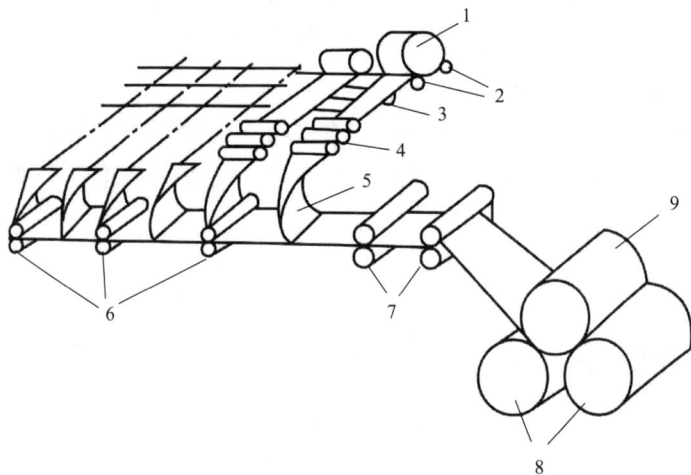

图3-9 并卷机工艺流程

3. 条并卷联合机

条并卷联合机条子喂入由三个部分组成，如图3-10所示。每一部分各有16~20根棉条1经导条罗拉进入导条台2，棉层经牵伸装置3牵伸后成为棉网，棉网通过光滑的曲面导板4转向90°，在输棉平台上将二至三层棉网并合后，经输出罗拉进入紧压罗拉5，再由成卷罗拉7卷绕成精梳小卷6。

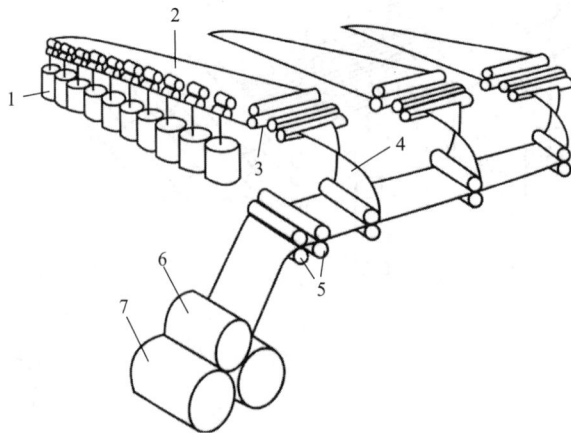

图3-10 条并卷联合机工艺流程

五、作业与思考题

（1）如何实现精梳准备工序的目的与任务？

（2）分析棉纺中三种精梳准备工序的特点。

第四节　精梳工艺与设备

一、实验目的与要求

（1）了解精梳机的任务和主要作用。

（2）熟悉精梳机的结构、主要部件与作用。

（3）了解精梳机的各项工艺参数及其调整方法。

（4）了解精梳机的工作周期。

精梳机结构介绍

二、基础知识

质量要求较高的纺织品所用的纱或线都是经过精梳工艺后纺制而成的。精梳的实质是对纤维进行握持梳理，达到将纤维按长度分类的目的。因此，精梳工艺与纱线的质量和成本均有着密切的关系。

精梳工艺的任务如下。

（1）去除纱条中不适应纺纱工艺要求的短纤维。

（2）进一步分离纤维，提高纱条中纤维的伸直平行度。

（3）较为完善地清除棉粒和杂质等。

（4）形成均匀、混合较好的精梳条。

三、实验设备

DSCo-01型小型数字式精梳试验机。

四、实验内容

本实验主要介绍棉型直行精梳机。

1. 棉型精梳机的组成

棉型精梳机由喂棉机构、钳持机构、梳理机构、分离接合机构、排杂机构、输出机构、牵伸机构、圈条机构等组成，如图3-11所示。

（1）喂棉机构包括承卷罗拉、给棉罗拉及其传动机构。

（2）钳板机构包括钳板摆轴传动机构，钳板传动机构，钳板加压机构及上、下钳板等。

（3）梳理机构包括锡林、顶梳等。

（4）分离接合机构包括分离罗拉、分离皮辊等。

（5）排杂机构包括毛刷、风斗及气流吸落棉等。

（6）输出机构包括导棉板、输出罗拉、喂入喇叭口、压辊、导条钉等。

（7）牵伸机构包括罗拉、胶辊等。

（8）圈条机构包括圈条集束器、压辊、圈条盘等。

2．棉型精梳机的组成及工艺流程

棉型精梳机的工艺流程如图3–11所示，小卷放在一对承卷罗拉7上，随承卷罗拉的回转而退解棉层，棉层经导卷板8喂入置于下钳板上的给棉罗拉9与给棉板6组成的钳口，给棉罗拉周期性间歇回转，每次将一定长度的棉层（给棉长度）送入上、下钳板5组成的钳口。钳板做周期性的前后摆动，在后摆中途，钳口闭合，有力地钳持棉层，使钳口外棉层呈悬垂状态。此时，锡林4上的针面恰好转至钳口下方，针齿逐渐刺入棉层进行梳理，清除棉层中的部分短绒、结杂和疵点。随着锡林针面转向下方位置，嵌在针齿间的短绒、结杂、疵点等被高速回转的毛刷3清除，经风斗2吸附在尘笼1的表面，或直接由风机吸入尘室，锡林梳理结束后，随着钳板的前摆，须丛逐步靠近分离罗拉11钳口。与此同时，上钳板逐渐开启，梳理好的须丛因本身弹性而向前挺直，分离罗拉倒转，将上一周期输出的棉网倒入机内，当钳板钳口外的须丛头端到达分离钳口时，与倒入机内的棉网相叠合而后由分离罗拉输出。在张力牵伸的作用下，棉层挺直，顶梳10插入棉层，被分离钳口抽出的纤维尾端从顶梳梳针间隙拽出，纤维尾端黏附的部分短纤、结杂和疵点被阻留于顶梳梳针后边，待下一周期锡林梳理时除去，当钳板到达最前位置时，分离钳口不再有新纤维进入，分离结合工作基本结束。之后，钳板开始后退，钳口逐渐闭合，准备进行下一个循环的工作，由分离罗拉输出的棉网，经过一个有导棉板12的松弛区后，通过一对输出罗拉13，穿过设置在每眼一侧并垂直向下的喇叭口14聚拢成条，由一对导向压辊15输出。各眼输出的

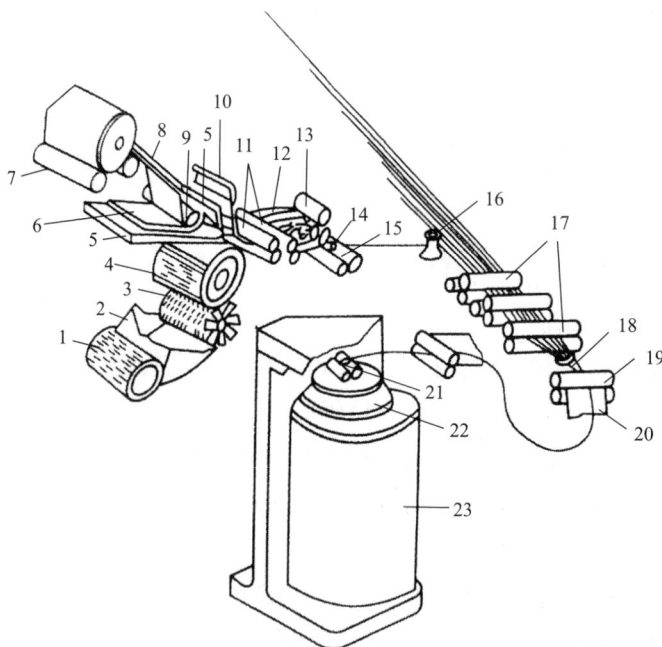

图3–11　棉型精梳机的工艺流程

棉条分别绕过导条钉16转向90°，进入三上五下曲线牵伸装置17。牵伸后经喇叭口18形成精梳条，并由输送压辊19和输送带20托持，通过圈条集束器及一对压辊21和圈条盘22中的斜管圈放在条筒23中。

3. 棉型精梳机的工作周期

棉型精梳机的工艺过程是周期性的往复运动，即周期性地分别梳理纤维须丛的两端，再将梳理过的纤维丛与由分离（或拔取）罗拉倒入机内的、已梳理过的纤维网接合，从而将新梳理好的纤维丛输出机外。在其一个运动周期中，有四个工作阶段，其任务和作用介绍如下。

（1）锡林梳理阶段。锡林梳理阶段如图3-12所示，锡林梳理阶段从锡林第一排针接触棉丛时开始，到末排针脱离棉丛时结束。在这一阶段各主要机件的工作和运动情况为：上、下钳板闭合，牢固地握持须丛；钳板运动先向后到达最后位置时，再向前运动；锡林梳理须丛前端，排除短绒和杂质；给棉罗拉停止给棉；分离罗拉处于基本静止状态；顶梳先向后再向前摆，但不与须丛接触。一般精梳机锡林梳理阶段约占10个分度。

（2）分离前准备阶段。如图3-13所示，分离前的准备阶段从锡林末排针脱离棉丛时开始，到棉丛头端到达分离钳口时结束，在这一阶段各主要机件的工作和运动情况为：上、下钳板由闭合到逐渐开启，钳板继续向前运动；锡林梳理结束；给棉罗拉开始给棉（对于前进给棉而言）；分离罗拉由静止到开始倒转，将上一工作循环输出的棉网倒入机内，准备与钳板送来的纤维丛接合；顶梳继续向前摆动，但仍未插入须丛梳理。

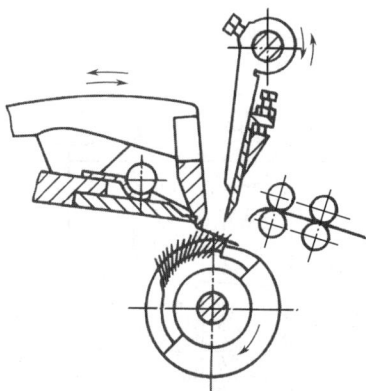

图3-12 锡林梳理阶段　　　　　　　图3-13 分离前准备阶段

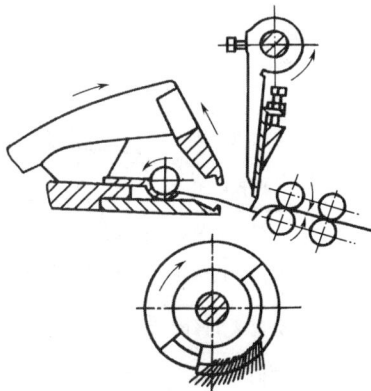

（3）分离接合阶段。如图3-14所示，分离接合阶段从棉丛到达分离钳口时开始，到钳板到达最前位置时结束。这一阶段各主要机件的工作和运动情况为：上、下钳板开口增大，并继续向前运动，同时将锡林梳过的须丛送入分离钳口；顶梳向前摆动，插入须丛梳理，将棉结、杂质及短纤维阻留在顶梳后面的须丛中，在下一个工作循环中被锡林梳针带走；分离罗拉继续顺转，将钳板送来的纤维牵引出来，叠合在原来的棉网尾端上，实现分离接合；给棉罗拉继续给棉直到给棉结束。

（4）锡林梳理前准备阶段。如图3-15所示，锡林梳理前的准备阶段从分离结束开始，到锡林梳理开始为止。本阶段各主要机件的工作和运动情况为：上、下钳板向后摆动，逐渐闭合；锡林第一排针逐渐接近钳板钳口下方，准备梳理；给棉罗拉停止给棉；分离罗拉继续顺转输出棉网，并逐渐趋向静止；顶梳向后摆动，逐渐脱离须丛。

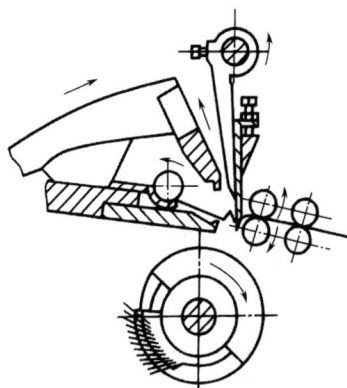

图3-14 分离接合阶段　　　　　　　图3-15 锡林梳理前准备阶段

精梳机的机构比较复杂，又是周期性运动，各部件必须协调有序地工作，各主要机件间的运动必须密切配合。这种配合关系可由精梳机上的分度盘指示，分度盘将精梳机的工作周期分成40分度，在一个工作循环中，各主要部件在不同时刻（分度）的运动和相互配合关系可从配合图上看出，如图3-16所示，不同型号、不同工艺条件下精梳机的运动配合也有所不同。

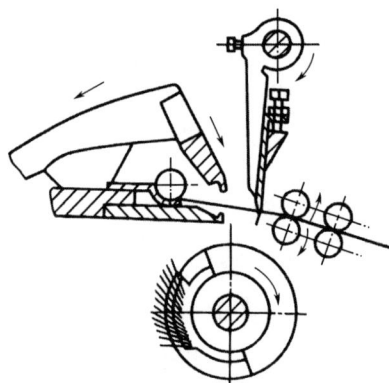

图3-16 SXF1269A型棉精梳机的运动配合图

4. 棉型精梳机的操作规程与注意事项

（1）通电后，人机界面显示监控界面，在线显示给棉长度、锡林转速（车速）、牵伸倍数、锡林当前位置、出条长度等参数，如图3-17所示。

（2）按 🏠 按钮进入菜单界面，如图3-18所示。

（3）点击 速度设置 进入运行参数设置界面进行设备运行速度设置，如图3-19所示。

该画面设定相应的开车速度、点动速度,设备从0加速到指定速度所用的加速时间等参数。

（4）工艺参数设置界面。点击 工艺设定 进入精梳工艺参数设置界面进行精梳工艺设置,如图3-20所示。

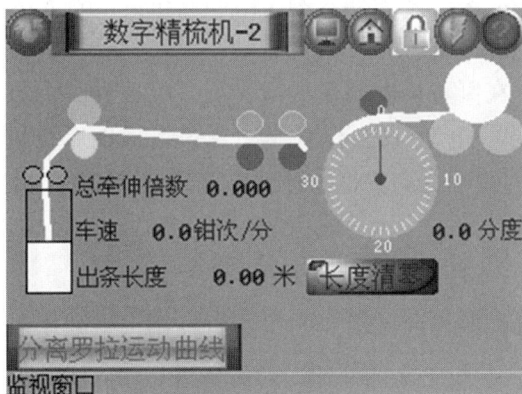

图3-17 监控界面

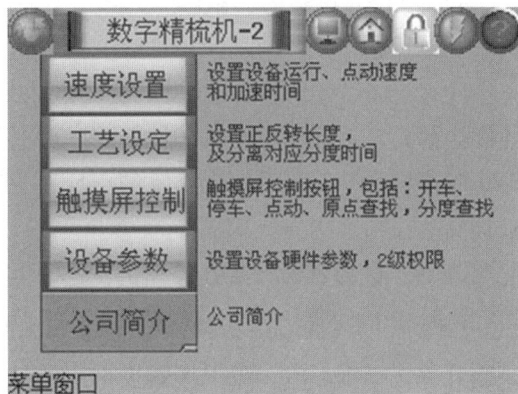

图3-18 菜单界面

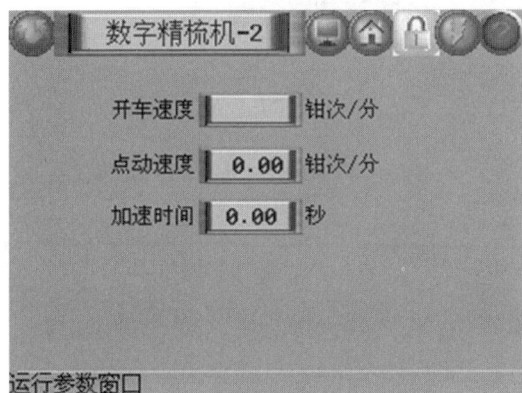

图3-19 运行参数设置界面

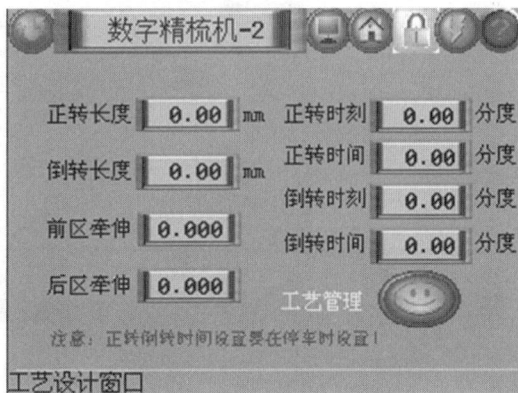

图3-20 工艺参数设置界面

①正转长度,指精梳机分离罗拉在工作正转时间内转过的罗拉表面长度。

②倒转长度,指精梳机分离罗拉在工作倒转时间内转过的罗拉表面长度。

③前区牵伸,指输出罗拉到分离罗拉之间的牵伸倍数。

④后区牵伸,指给棉罗拉到棉卷罗拉之间的牵伸倍数。

⑤正转时刻。锡林旋转一周为40分度,根据锡林在某一分度时,分离罗拉需正转剥离出给棉罗拉输出的纤维,这一分度数值称为正转时刻,该时刻分离罗拉伺服电动机开始正转。

⑥正转时间。分离罗拉从正转开始到完成正转长度的时间,该时间与锡林速度与机械性能有着密切的关系,设置时遵循以下原则:锡林转速高时,减少该时间;满足分离罗拉正转速度从搭接棉丛后始终大于钳口推进速度;钳口后退之前分离罗拉正转不能停止。

⑦倒转时刻。与正转时刻类似,该时刻为分离罗拉伺服电动机倒转开始时刻。

⑧倒转时间。分离罗拉从倒转开始到完成倒转长度的时间,该时间要与正转时刻和倒转时刻配合,设置时必须满足以下关系。

倒转开始时刻必须满足锡林圆梳最后一排针已经过去。

倒转时刻+倒转时间+比较区间应小于正转时刻,因为如果两个时间发生交叉就无法实现正反转,比较区间是控制系统触发中断程序的脉冲区间(脉冲数)。

电动机正常正反转,如果倒转时间太低,在倒转长度确定的情况下,电动机倒转的速度会很高,对伺服电动机的性能要求要高很多,电动机的启动和停止偏离实际的启动和停止时刻较大,就无法实现正常的正反转,同时影响分离罗拉的纤维输出,对罗拉压力要求提高。

所有工艺参数设计要在停车的状态下实现,参数输入完成后开车。

(5)控制界面。点击 触摸屏控制 进入触摸屏控制界面(图3-21)进行控制,它的作用是当开关按钮损坏时,可以用触摸屏上的按钮代替设备上的按钮,对设备进行相应的控制操作。

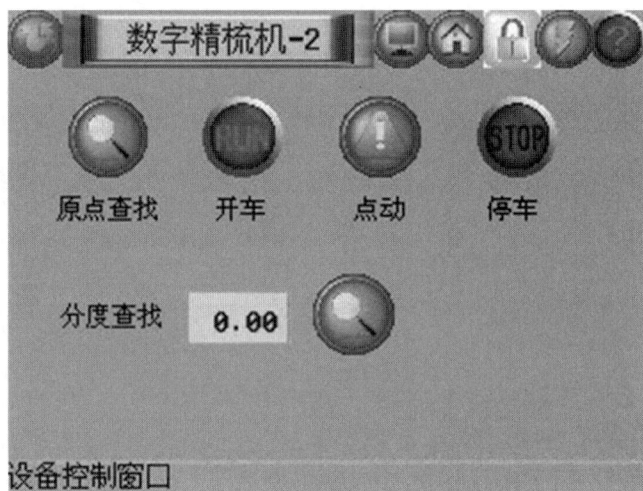

图3-21　触摸屏控制界面

① 按钮。锡林在运行过程中由于干扰或者机械位置偏移可能会造成原点的偏移,点击该按钮可以重新搜索新的原点位置,设备第一次上电时都会自动原点查找,如有需要再按此按钮进行查找。

② 按钮。该按钮与设备上的"开车"按钮功能相同。

③ 按钮。该按钮与设备上的"点动"按钮功能相同。

④ 按钮。该按钮与设备上的"停车"按钮功能相同。

⑤ 分度查找 0.00 按钮。为了方便锡林停止在某一位置,在屏幕上输入相应的分度数值

（0~39），按 ⊙ 按钮锡林可以转到相应的位置。

（6）权限设置。点击 🔒 按钮进入如图3-22所示的界面进行用户权限设置。

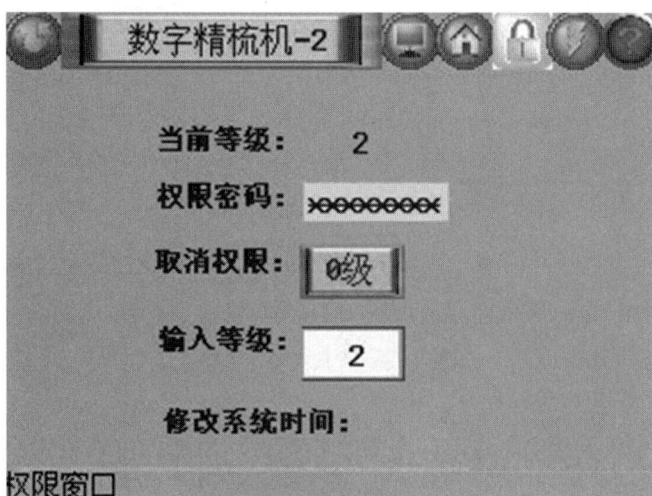

图3-22 权限设置界面

　　输入相应的密码可获得相应的权限，工艺参数修改最低权限为1级，用户若想更改工艺必须输入1级密码才能进行输入；2级密码为设备参数输入密码，出厂时由设备工程师输入调试，若设备有改动或设备长时间没有运行导致数据变更或丢失时，请与生产商联系取得设备参数数据，或恢复出厂设置。

　　5. **进一步观察和了解**

在初步了解机构的组成和工艺流程后，进一步仔细观察和了解精梳机运行情况。

（1）观察成卷罗拉、导棉板及给棉罗拉的结构，了解成卷罗拉和给棉罗拉的传动路线。

（2）观察给棉罗拉的传动情况。

（3）了解落棉隔距的调节方法。

（4）观察锡林机构，了解植针规格、排数及植针高度，熟悉锡林弓形板定位的方法。

（5）观察顶梳的结构和运动情况。

（6）观察分离罗拉的传动机构，观察分离罗拉、分离胶辊的运动情况。

（7）观察毛刷、尘笼和卷杂辊的结构和传动系统，了解精梳机吸落棉的形式和特点。

（8）观察精梳机的牵伸形式及加压装置。

五、作业与思考题

（1）对照机器画出精梳机的工艺流程简图，并标明每个部件名称。

（2）说明精梳机的工作周期包括哪4个阶段，每个阶段各有什么特点。

（3）精梳机是怎样完成接合分离的？

（4）如何改善棉精梳条的均匀性？

第五节 并条工艺与设备

一、实验目的与要求

（1）了解并条机的组成及工艺过程。

（2）熟悉并条机的结构并了解各机件的作用。

（3）了解并条机的传动系统。

并条机视频

二、基础知识

由于梳棉机输出的棉条（生条）重量不匀率较大，条子中大部分纤维呈弯钩或卷曲状态，而且有一小部分小棉束。因此，这种生条还不能直接在细纱机上纺成符合质量要求的细纱。因此，并条机的任务如下。

（1）通过多根棉条的并合均匀作用，改善其长片段不匀（即重量不匀）。一般通过并条后熟条的重量不匀率应达到1%左右，重量偏差应控制在±1%以内。

（2）由于并合使纱条变粗，因此并条机在并合的同时还须对纱条进行牵伸拉细，在牵伸的过程中使纤维伸直平行，消除弯钩和卷曲。

（3）利用并合和牵伸，将纤维混合均匀，是并条工序极为重要的任务。

并条机牵伸机构的型式由连续牵伸、双区牵伸逐渐发展到现在的三上三下压力棒曲线牵伸。

三、实验设备

DSDr-01型小型数字式并条试验机。

四、实验内容

本实验主要介绍棉型并条机。

1. 并条机的组成

图3-23、图3-24分别为棉型并条机的结构示意图和牵伸装置部分工艺简图。

（1）喂入部分。由导条台、导条罗拉、导条棒和给棉罗拉等组成。

（2）牵伸部分。由罗拉、胶辊、加压装置、清洁装置、集合器等部件组成。

（3）成条部分。主要是圈条机构。

2. 并条机的工艺流程

条子从条筒内引出后，通过导条台上的导条罗拉和导条压辊向前输送，再由给棉罗拉喂进牵伸区。由于牵伸装置中各对罗拉的表面速度由后向前逐渐加快，因而喂入的多根条子被逐渐拉成薄片，再通过集束器的初步汇集后，由集束罗拉输出，经喇叭口成条、压辊压紧，最后通过圈条器有规律地圈放在机前的条筒内。

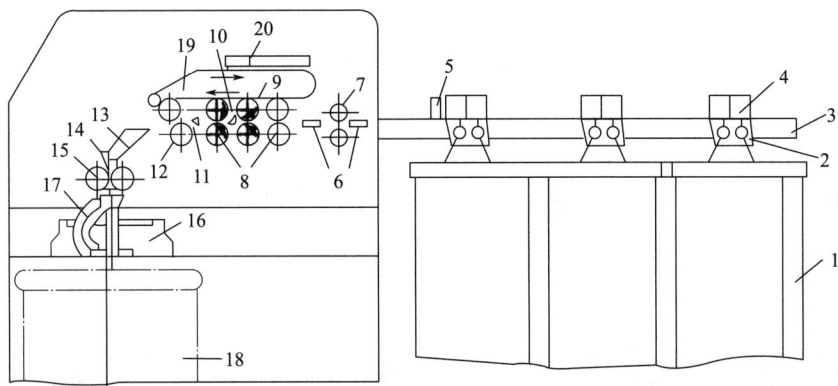

图3-23　并条机结构示意图

1—喂入棉条筒　2—导条板　3—导条罗拉　4—导条压辊　5—导条柱　6—导条块　7—给棉罗拉
8—下罗拉　9—胶辊　10—压力棒　11—集束器　12—集束罗拉　13—弧形导管　14—喇叭头
15—紧压罗拉　16—圈条盘　17—圈条斜管　18—输出棉条筒　19—回转绒套　20—清洁梳

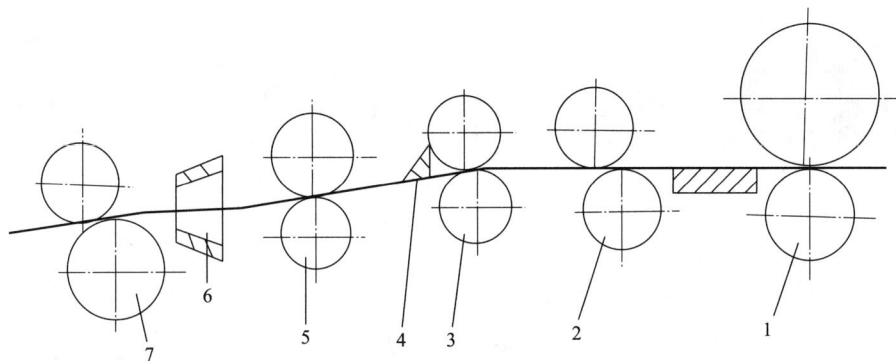

图3-24　并条机牵伸装置部分工艺简图

1—喂入罗拉　2—第三罗拉　3—第二罗拉　4—压力棒　5—前罗拉　6—喇叭口　7—集束罗拉

3. 并条机的操作规程与注意事项

（1）隔距计算。开车前，请根据所纺纤维的长度确定各罗拉之间的隔距，以下为各罗拉隔距的参考数值。

第一罗拉至第二罗拉：纤维有效长度L+6.3mm。

第二罗拉至第三罗拉：纤维有效长度L+4.7mm。

第三罗拉至第四罗拉：纤维有效长度L+15.8mm。

（2）牵伸倍数设置见表3-1。

表3-1　牵伸倍数设置

纤维类型	短纤维	长纤维
第四罗拉至第三罗拉	1.7	2.0
第三罗拉至第二罗拉	1.04	1.05

纤维类型	短纤维	长纤维
第二罗拉至第一罗拉	1.56~9.95	1.31~8.38
总牵伸倍数	2.75~17.6	

（3）通电后，人机界面出现如下画面，如图3-25所示。用手指轻按图标 后，界面转换为菜单界面如图3-26所示。

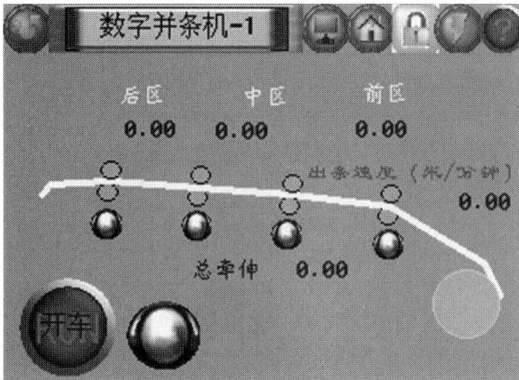

图3-25　监控界面

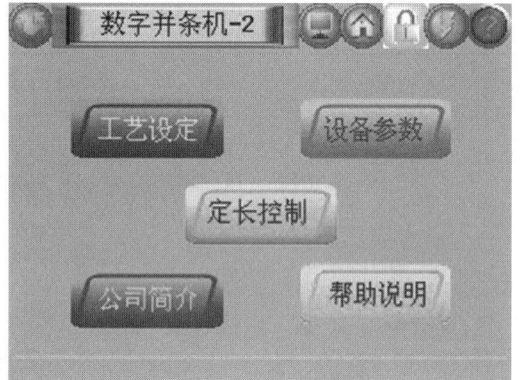

图3-26　菜单界面

（4）轻按 工艺设定 按钮，界面转换为运行参数设置界面如图3-27所示。此时，可对总牵伸倍数、前区牵伸倍数、后区牵伸倍数及出条速度进行设定，轻按相应数字对话框，出现如图3-28所示的画面。轻按相应的数值输入空白框中，最后按 确定 按钮。工艺设定完毕后，轻按图标 ，画面返回到如图3-25所示的界面。

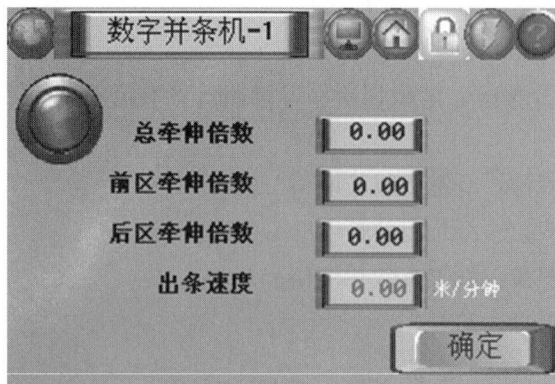

图3-27　运行参数设置界面

（5）按 定长控制 按钮进入定长控制界面（图3-29），进行定长控制操作。定长控制是指，当设备开始运行且定长控制开始生效时，出条长度大于或等于设定长度时，设备会自动停车，并可根据需要进行"继续定长"或"取消定长"的控制。该控制模式有利于在少量原料纺纱时提供等距离断条工作。设定好"定长长度"后按 定长控制设定 ，左侧的红灯变成绿色，长度设定开始起作用。取消长度设定的方法可以通过机械"点动"按钮或者"急停"按钮，或者达到定长后的触摸屏显示的"结束定长"控制按钮来结束定长控制。

（6）注意事项。本小型数字式并条试验机在机器侧面设置万能转换开关，作为本机的总电源开关，顶部具有开车、点动、停车、急停四个按钮。使用时需注意以下几点。

①开车前，确保隔离开关和万能转换开关处于闭合状态。

②开车前必须根据用户需要设定工艺参数，无工艺参数状态下不可开车。

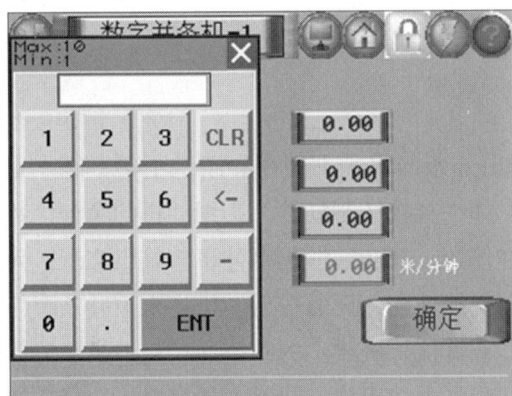

图3-28 牵伸设定界面

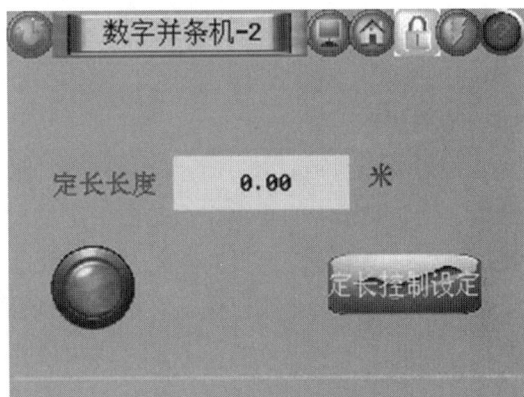

图3-29 定长控制界面

③按压按钮时间持续0.5s以上，防止控制信号受干扰引起误动作。

④停车信号发出后，减速过程中不可再次开车，完全停止后，方可开车。

⑤开车时确保车门都处于关闭状态，否则不能开车；开车过程中，打开车门，则自动停车。

⑥不使用机器时，应断开电源。

4.进一步观察和了解

在初步了解机构的组成和工艺流程后，进一步仔细观察和了解以下内容。

（1）并条机牵伸装置的结构和形式。

（2）罗拉的表面沟槽状况和胶辊结构。

（3）清洁装置的结构和作用。

（4）圈条机构的结构。

（5）全机传动系统。

五、作业与思考题

（1）画出DSDr-01数字式小样并条试验机的牵伸部分工艺简图，说明其牵伸装置的结构和形式，并说明这种牵伸形式的特点。

（2）根据给定的棉条定量和实验机台现配备的变换件，计算并条机的理论产量（kg/h）。

第六节　翼锭粗纱工艺与设备

粗纱机视频

一、实验目的与要求

（1）熟悉粗纱机的工艺流程。

（2）了解牵伸、加捻、卷绕机构的结构和作用。

（3）了解差动机构的结构和作用。

（4）了解成形机构的结构和作用。

（5）了解全机传动系统。

二、基础知识

经过并条（或针梳）机多次并合牵伸，末道并条的重量不匀率和条干不匀率基本上已经达到纺制细纱的要求。但是由于定量太重，如果直接纺制细纱，则细纱机的牵伸倍数要达到百倍以上，甚至更高水平。如此大的牵伸倍数，现有细纱机牵伸机构难以实现，而且纺成的细纱质量也难以保证。为此，有必要在纺细纱前，先通过粗纱机将末道并条牵伸拉细。因此，粗纱工程的任务是：将末道并条（或针梳）机输出的纱条通过粗纱机牵伸拉细并施加一定的捻回，使之成为具有特定线密度和强力的粗纱。同时，卷绕成一定规格的卷装，以便于运输、储存和细纱机的进一步加工使用。

三、实验设备

DSRo-01型小型数字式粗纱试验机、粗纱管。

四、实验内容

本小型数字式粗纱试验机采用七电动机独立传动方案：四台交流伺服电动机分别独立传动牵伸机构的一、二、三、四罗拉，一台交流伺服电动机传动下龙筋做积极式升降运动，一台交流伺服电动机传动筒管，一台交流伺服电动机传动锭翼。由于采用多电动机独立传动方案，可以较彻底地简化机械系统，缩短传动链，机械部分传动机构较简洁。采用触摸屏实现人机对话，当变换纺纱工艺时，无须更换齿轮，通过触摸屏输入工艺参数即可，方便快捷，实现粗纱机的高度机电一体化水平。

本机适用于棉型纤维长度（22~38mm）和化学纤维长度（51mm以下），可纺制成不同线密度和不同捻度的粗纱。

1. **翼锭粗纱机的组成**

本小型数字式粗纱机分为喂入机构、牵伸机构、加捻机构、卷绕机构以及成形机构，各结构作用分述如下。

（1）喂入机构。喂入机构由喂入架（俗称"葡萄架"）、导条罗拉、导条辊、导条器和集合器等组成。采用高架式单列导条辊喂给装置，其与后罗拉之间存在一定的张力牵伸。

（2）牵伸机构。采用四罗拉双短皮圈牵伸形式，第三列下罗拉为钢质滚花罗拉，直径25mm，其余三列下罗拉均为钢质沟槽罗拉，直径均为28mm，罗拉表面在同一平面上，在四列上罗拉中一、二、四列为包覆丁腈橡胶的皮辊，除第三上罗拉直径为25mm外，其余包胶的三列上罗拉直径均为28mm。主牵伸区在中区，设置了由上下销、上下皮圈、隔距块等组成的皮圈控制元件，主牵伸区不设置集合器，其他三列罗拉后面均设有集合器起集束作用。

（3）加捻机构。加捻机构包括一台伺服电动机、锭翼、加捻器、上龙筋和加捻传动机构。锭翼安装在上龙筋上，由加捻电动机通过加捻传动机构进行传动，其转速是粗纱机的主要基准。锭翼又称锭壳，由锭套管（或称中管）、压掌（由压掌杆和压掌叶组成）、实心臂和空心臂组成。锭翼活套在锭子顶端并随着锭子一起回转，链子每回转一转，前罗拉输出的须条即被加上一个捻回。

（4）卷绕机构。经过加捻之后的粗纱条通过卷绕机构和成形机构卷绕在筒管上成为管纱。在卷绕机构和成形机构中，粗纱要卷绕成双锥形卷装，筒管需做两个方向的运动，绕锭翼做圆周运动的同时随下龙筋做上下往复直线运动。卷绕机构中，筒管插在安装在下龙筋上的筒管齿轮上，由卷绕电动机通过卷绕传动机构进行传动。筒管与锭翼必须同向回转，且二者之间保持一定的转速差，以实现卷绕。

（5）成形机构。成形机构中，下龙筋的升降采用滚珠丝杠及直线导轨进行传动。下龙筋和滚珠丝杠以及直线导轨之间采用升降滑块进行连接，成形电动机通过减速机（减速机采用输入轴与输出轴呈90°的蜗轮蜗杆减速机）带动一侧的滚珠丝杠转动，经过滚珠丝杠传动轴将动力传动到另一侧的减速机与滚珠丝杠使其同步转动，滚珠丝杠在与螺母副的配合作用下，将旋转运动变成直线运动，从而使下龙筋进行上下往复运动。此装置中蜗轮蜗杆减速机具有反行程自锁功能，使龙筋在升降及停止时都能准确定位，不会产生不必要的动程。配重装置采用吊带代替链条传动，提高了传动的稳定性，无须加油保养，使用寿命长。此装置包括纵向设置的两条平行吊拉体（平带一和平带二），两个大小不一的同轴卷绕轮（配重导轮小和配重导轮大），配重体和配重平衡轴等。

由于粗纱稳度少，强力低，为了防止在卷绕过程中产生意外伸长，并使粗纱有规则地卷绕在筒管上，因此粗纱卷绕必须符合下列要求（即满足卷绕方程）。

①单位时间内前罗拉输出须条长度必须等于卷绕在筒管上的长度（忽略捻缩和张力牵伸），即：

$$V_1 = \left(n_1 - n_2\right) \times d_x$$

式中，V_1为前罗拉输出速度（m/min）；n_1为筒管转速（r/min）；n_2为锭子转速（r/min）；d_x为粗纱某一层的卷绕直径（m）。

②筒管在卷绕时，其轴向纱圈之间必须紧密排列，但又不能重叠。因此，要求龙筋升降速度应满足下列条件：

$$V_2 = h \times \frac{V_1}{\pi d_x}$$

式中，V_2为龙筋升降速度（m/min）；h为纱圈节距（m）。

由此可见，筒管转速n_1和龙筋升降速度V_2均应随着筒管卷绕直径d_x的变化而发生变化，因此要求有一变速机构来完成这一任务。一般翼锭粗纱机上所使用的变速装置为一对锥形铁铸体，俗称"铁炮"。

为了减轻变速装置的传动负荷，提高传动的准确性，所以在变速装置到筒管的传动系统中又采用了差微装置。差微装置是一套周转轮系，它的作用是将由主轴传来的恒速和变速装置传来的变速合成后，通过轮系传给筒管。

当筒管卷绕完一层粗纱后，由于直径增加，因此当开始卷绕下一层粗纱前，必须瞬时改变筒管转速和龙筋升降速度。由于粗纱要卷绕成圆锥形状，在这一瞬间龙筋还必须完成转向和缩短升降动程。

2. 翼锭粗纱机的工艺流程

图3-30为翼锭粗纱机工艺简图。纱条自机后条筒1内引出，由导条罗拉2积极输送，经导条辊3、导条器4、喇叭口等进入后罗拉钳口5。牵伸机构采用三罗拉双皮圈摇架加压装置。纱条中的纤维在上、下皮圈6、7的弹性控制下受到牵伸作用，牵伸后的须条由前罗拉钳口送出，再通过集合器9的聚合，锭翼10加捻后卷绕到筒管11上，使上龙筋带着筒管按一定规律做升降运动，将粗纱绕成符合规定形状的粗纱管。

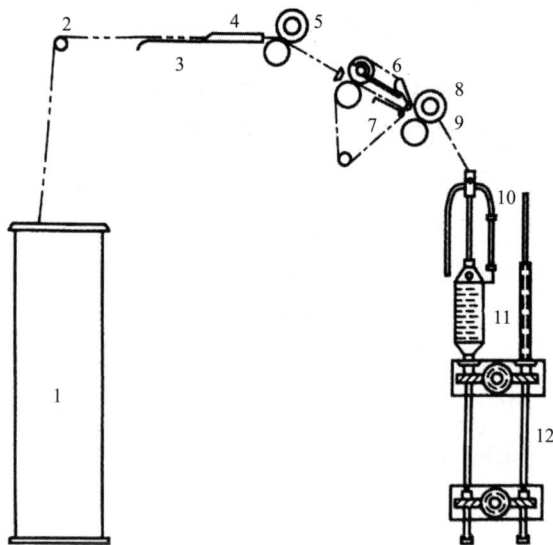

图3-30　翼锭粗纱机工艺简图

1—条筒　2—导条辊　3—导条板　4—导条器　5—后罗拉钳口　6—上皮圈

7—下皮圈　8—前罗拉钳口　9—导纱器　10—锭翼　11—筒管　12—锭子

3. 无锥轮（铁炮）粗纱机

与老式的粗纱机相比，新型粗纱机在机构和工艺上都有了很大的发展。例如，采用多电动机传动、悬吊式锭翼和四罗拉牵伸等装置或部件，从而使粗纱机的效率和产品质量有了很大的提高。图3-31为新型的无锥轮（铁炮）粗纱机结构示意图。

在无锥轮粗纱机中，由多个电动机分别直接传动筒管、锭翼和龙筋等，从而取消了老式粗纱机上繁多的传动机构，如变速锥轮（铁炮）、差动装置和成形装置等。整个机器的运动由计算机、可编程逻辑控制器（PLC）、伺服及变频技术组成的高精度系统来控制，通过所建立的卷绕直径和卷绕速度等关系的多个数学模型，满足了粗纱卷绕方程的要求，实现各电动机之间的同步控制。

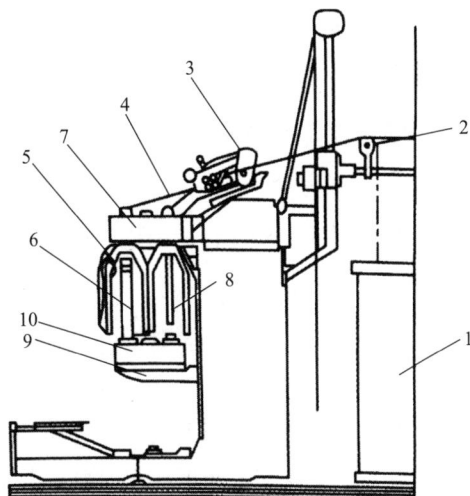

图3-31 无锥轮粗纱机结构示意图
1—条筒 2—导条辊 3—牵伸装置 4—输出粗纱
5—锭翼 6—筒管 7—上龙筋 8—锭杆
9—升降摆杆 10—下龙筋

4. 粗纱机的操作规程与注意事项

（1）主监控界面。主监控界面（图3-32）实时显示（监视画面）：实时显示画面用于显示当前生产中的工艺参数以及机械运转状态参数。显示内容包括锭翼设定转速、锭翼当前转速、锭翼落纱转速、前区牵伸倍数、中区牵伸倍数、后区牵伸倍数、总牵伸倍数、龙筋当前脉冲位置（参考作用）、纱管高度。

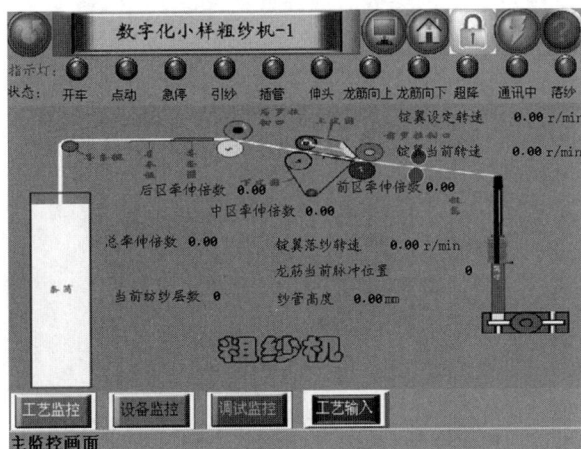

图3-32 主监控界面

界面设定有二级菜单，"工艺监控"：监控所有工艺参数；"设备监控"：监控设备所有硬件参数；"调试监控"：监控控制系统计算过程参数；"工艺输入"：转入工艺输入画面。

状态显示，红灯被点亮时表示该状态被设定，例如，![开车]（显示红色）变成![开车]（显示绿色）表明正在开车。

⦿：在每个子窗口存在，按此按钮返回前一窗口。

⦿：在每个子窗口存在，按此按钮切换窗口到主监控画面。

⦿：在每个子窗口存在，按此按钮切换到主菜单画面。

⦿：在每个子窗口存在，按此按钮切换到权限设置画面。

⦿：在每个子窗口存在，按此按钮切换到报警窗口画面。

⦿：在每个子窗口存在，按此按钮切换到帮助画面。

粗纱机操作中涉及的名词介绍如下。

①插管：表示龙筋下个位置是落纱后的插管位置。

②生头：表示龙筋下个停止位置是正常开车前的生头位置。

③纺纱：表示龙筋正在正常纺纱过程中。

④落纱：表示龙筋下个停车位置是落纱（超降）位置。

⑤龙筋位置：指龙筋相对于落纱（超降）位置的高度。

⑥卷绕层数：前面表示卷绕过程中粗纱在筒管上实际已卷绕的层数，后面则表示满管时的卷绕层数。

⑦龙筋动程：指龙筋本次上下往复运动的动程。

⑧龙筋纺纱位置：指龙筋本次向上、向下运动的目标位置相对于超降位置的高度。

⑨纺纱时间：记录纺制一个粗纱卷装过程中，粗纱机需运转的工作时间。

⑩停车时间：记录纺制一个粗纱卷装过程中，各种原因引起的粗纱机停车时间。

（2）工艺参数监控界面。工艺参数监控界面如图3-33所示。

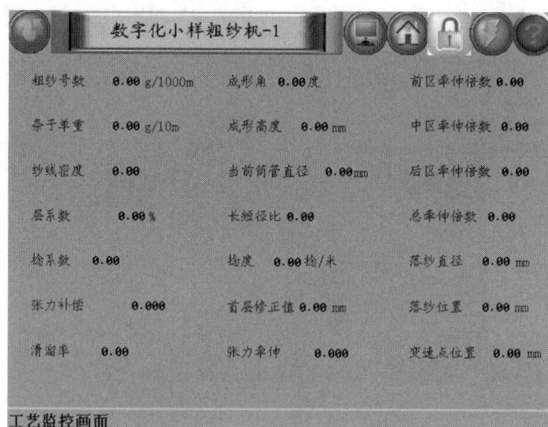

图3-33　工艺参数监控界面

在工艺参数监控界面（图3-33），显示了相关工艺参数：条子线密度、粗纱号数（线密度）、粗纱捻系数、前区牵伸倍数、中区牵伸倍数、后区牵伸倍数、总牵伸倍数等纱线参数和成形参数。

①纱线参数。包括粗纱线密度、条子单重、纱线密度、捻系数、滑溜率。

注 粗纱线密度单位是tex，条子单重单位是g/10m。纱线如果为混纺纱要按以下公式进行计算。

$$\gamma_{总} = \frac{\gamma_{棉} * \eta_{棉} + \gamma_{涤} * \eta_{涤}}{\eta_{棉} + \eta_{涤}}$$

滑溜率是指根据环境纤维在牵伸过程中出现的滑溜的现象，根据经验设定该值，一般取0~3%。

②成形参数。包括层系数、张力补偿、成形角、成形高度、长短径比、首层修正值、落纱直径、落纱位置、变速点位置。

a.层系数。范围0.1~0.3，纺纱层数增加时纱线张力逐渐松弛，可减小该值；反之增加。

b.张力补偿。若成形过程中张力变化较大，根据此参数改变当前纺纱张力。加大该值，张力加大。

c.长短径比。指粗纱长短径比例值，范围为3~7。

d.首层修正值。卷绕时首层修正值，取0.7左右，根据纱支号数而定，粗纱加大首层修正值，细纱减小首层修正值，首层纺纱时，张力大，加大该数值。

e.落纱直径。粗纱成形后的最大直径。

f.变速点位置。粗纱成形时，根据最大直径和落纱转速进行恒张力控制时，其锭翼变速点对应的纺纱直径。

（3）设备参数监控界面。该界面（图3-34）显示了设备的参数，若设备运行发生异常时，可通过该界面监控设备参数是否设置正确。

（4）设备主菜单界面。该界面（图3-35）显示了设备的菜单，通过该画面跳转到指定窗口，查看相应提示。

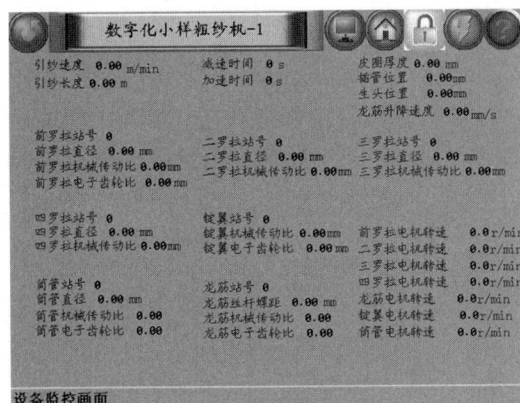

图3-34 设备参数监控界面

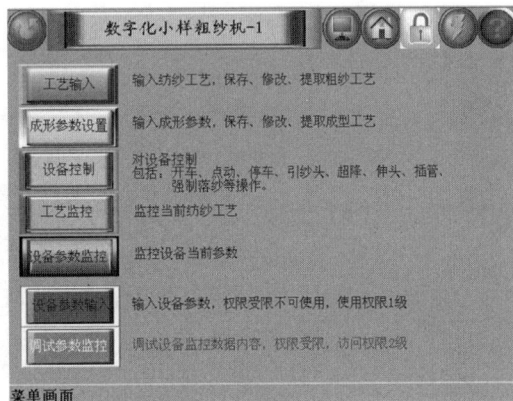

图3-35 设备主菜单界面

（5）工艺输入界面。工艺输入界面（图3-36）用于设定纺纱工艺参数，如锭翼当前转速、粗纱出条重量等，待所有参数均修改完毕后，点击 修改牵伸工艺 ，完成工艺参数的修改，即可进行新的纺纱工艺。

（6）工艺管理界面。工艺管理界面（图3-37）用于对纺纱工艺进行管理，其功能是将现有纺纱工艺存储到设备中，也可直接调用存储在设备中纺纱工艺。

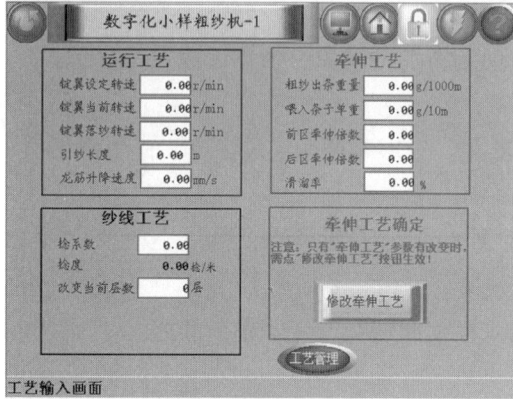

图3-36　工艺输入界面

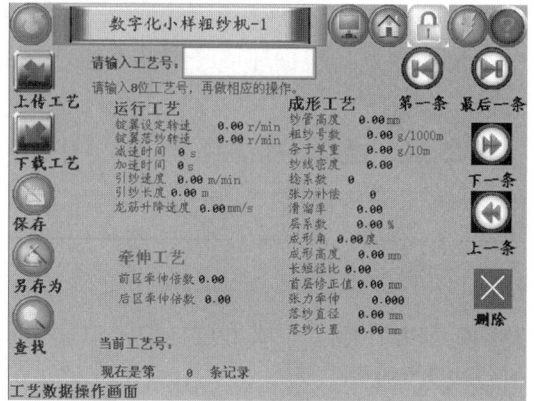

图3-37　工艺管理界面

画面中涉及的图标介绍如下。

：将现有纺纱工艺上传到工艺管理界面。

：将现有纺纱工艺下载并投入使用，进行纺纱。

：将上传或下载的纺纱工艺存储到设备中。

：将上传或下载的纺纱工艺重新命名之后存储到设备中。

：用于查找已经存储在设备中的纺纱工艺。

（7）成形工艺界面。成形工艺界面如图3-38所示。

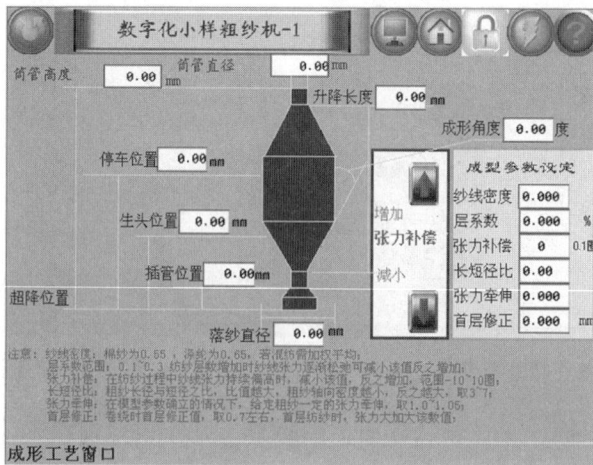

图3-38　成形工艺界面

该界面中涉及的专业名词介绍如下。

筒管高度：筒管的全长，根据筒管的不同规格，可设定其数值。

筒管直径：筒管未卷绕粗纱时的外径，根据筒管的不同规格，可设定其数值。

升降长度：纺纱时龙筋的最大升降长度，该值也是粗纱卷装的长度，值域范围为200~400mm。

成形角度：在纺纱过程中，为了防止粗纱从筒管上脱落，要求随粗纱筒管直径的增大，粗纱以一定的角度卷绕成形。这里所设定的成形角度是指筒管与成形纱面间的角度，其值域范围是20°~50°。

落纱直径：筒管落纱时的最大直径，值域范围是45~152mm。

停车位置：满纱时粗纱卷装相对于超降位置的高度。

生头位置：满纱落纱后，龙筋上升使筒管上绒圈与压掌水平，便于粗纱生头、开车的位置，值域范围为10~100mm。

插管位置：满纱落纱后，龙筋上升到便于插管的位置。值域范围为10~100mm。

超降位置：落纱时必须将下龙筋超降，使筒管与锭杆脱开才能落纱。

（8）设备控制界面（图3-39）。

引纱头：用于将棉条牵伸成粗纱条，然后手工加捻使其具有一定的捻度，最后通过假捻器从锭翼侧壁引出。

插管：将龙筋上升到插管位置，插入筒管。

生头：将龙筋上升到生头位置，将粗纱条卷绕到筒管绒带出。

超降：落纱时必须将下龙筋超降，使筒管与锭杆脱开才能落纱。

强制落纱：停止正在进行的纺纱过程，将龙筋下降到超降位置。

（9）设备参数输入界面（图3-40）。用户等级为1级，需要输入1级密码才能使用，必须在权限窗口中输入密码并通过后才能进入，一般由负责机器维护的人员才可以申请该密码，并记录调试人员给定的设备参数。

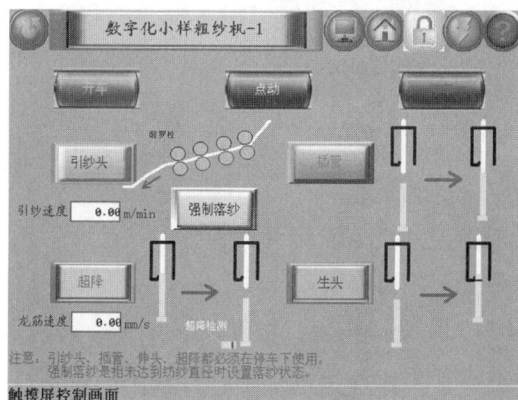

图3-39 设备控制界面

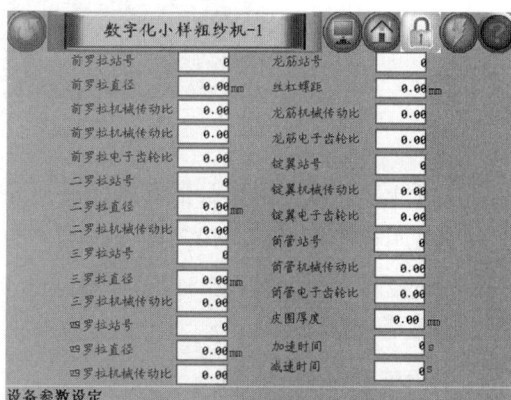

图3-40 设备参数输入界面

（10）权限设置窗口（图3-41）。第一次进入该窗体时，"当前等级"为0，通过1级权限密码，权限等级上升为1级，可以进行设备参数设置，使用后请回到该窗体按"0级"取消权限，防止误操作，"输入等级"只有高级往低级跳跃，不可以向高级选择。

（11）报警窗口（图3-42）。若听到触摸屏报警声音，用户可以在此窗口中看到报警信息，通过右边的滚动条翻转报警画面。

（12）帮助文件窗口（图3-43）。帮助文件窗口可在线提示帮助信息。

（13）注意事项如下。

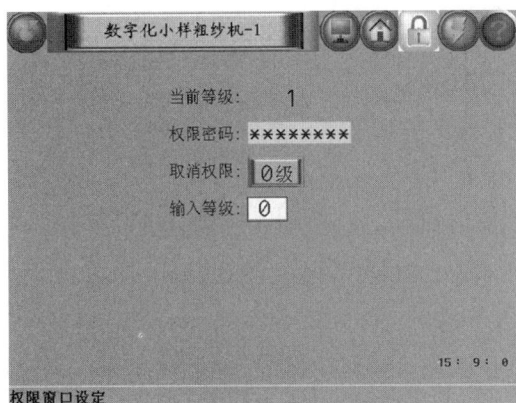

图3-41 权限设置窗口

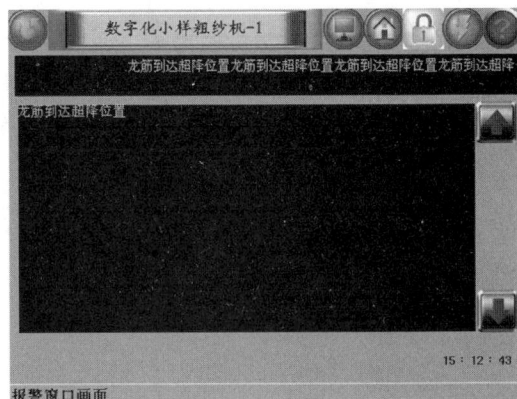

图3-42 报警窗口

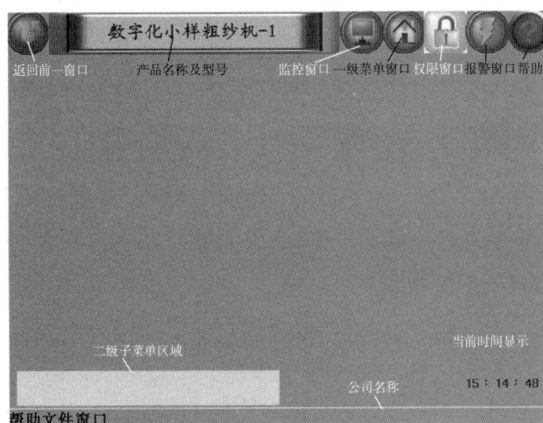

图3-43 帮助文件窗口

①开车前，确保隔离开关和万能转换开关处于闭合状态。

②开车前必须根据用户需要设定工艺参数，无工艺参数状态下不可开车。

③按压按钮时间持续0.5s以上，防止控制信号受干扰引起误动作。

④停车信号发出后，减速过程中不可再次开车，完全停止后，方可开车。

⑤开车时确保车门都处于关闭状态，否则不能开车；开车过程中，打开车门，则自动停车。

⑥不使用机器时，应断开电源。

5. 绘制草图

对照本实验用粗纱机现场绘制其牵伸和锭子部分传动草图。

五、作业与思考题

（1）画出牵伸部分的工艺简图。四罗拉牵伸的主要特点是什么？

（2）画出牵伸和锭子部分的传动图，并根据下式计算粗纱的捻度（捻/m）。

$$T_{捻} = \frac{n_{锭}}{V_{筒}}$$

（3）画出锭子和筒管的传动图。

（4）为什么筒管不用铁炮直接传动，而要经过差动机构？

（5）画出粗纱机传动系统方框图。

（6）成形机构是如何触发的？触发一次完成哪几个动作？

（7）张力变换齿轮不适当时，对粗纱—落纱的张力有何影响？

（8）无锥轮和有锥轮粗纱机在工艺和传动上的主要区别和特点是什么？

（9）试分析如何选择粗纱捻系数。

第七节　环锭细纱工艺与设备

一、实验目的与要求

（1）了解环锭细纱机的工艺流程。

（2）了解环锭细纱机的牵伸、加捻、卷绕成形机构的结构及作用。

（3）了解环锭细纱机的全机传动和各变换齿轮的作用。

细纱机操作演示

二、基础知识

细纱机是纺织厂的主要设备之一，它决定了纺织厂各种机台配备的数量。通常，纺织厂的规模就是以拥有细纱机的总锭数来表示的。细纱产量和质量是衡量一个纺织厂生产技术、管理水平的综合表现。因此，细纱是整个纺纱工程中极为重要的一道工序。

作为纺纱的最后一道工序，细纱要将前道工序纺成的粗纱，通过牵伸、加捻，纺制成符合一定线密度和品质要求的细纱，供后道工序使用。因此，细纱工序的主要任务如下。

（1）将喂入的粗纱和条子，均匀地抽长拉细到成纱所要求的线密度。

（2）对牵伸后的须条加上适当的捻度，使成纱具有一定的强力、弹性、光泽和其他的力学性能。

（3）将纺成的细纱，按一定的成形要求，卷绕在筒管上，便于运输、储藏和后道工序加工使用。

三、实验设备

DSSp-01型数字式小样细纱机。

四、实验内容

本实验主要介绍环锭细纱机。

DSSp-01型数字式小样细纱机采用五电动机独立传动方案：三台交流伺服电动机分别独立传动牵伸机构前、中、后罗拉，一台交流伺服电动机传动钢领板做积极式升降运动，主电动机（变频控制）传动棉纺、毛纺锭子。由于采用多电动机独立传动方案，从而较彻底地简化机械系统，缩短传动链，机械部分传动机构较简洁。采用触摸屏实现人机对话，变换纺纱工艺时，无须更换齿轮，通过触摸屏输入工艺参数即可，方便快捷，实现细纱机的高度机电一体化水平。

本机适用于棉型长度纤维（22~65mm）和毛型长度纤维（65~120mm），可纺制成不同线密度和不同捻度的细纱。

1. 环锭细纱机的组成

环锭细纱机主要由喂入机构、牵伸机构、加捻卷绕机构、卷绕成形机构等组成（图3-44）。

（1）喂入机构。喂入机构包括粗纱架、导纱杆、吊锭（或托锭）、横动导纱器等组成，其作用是使粗纱有控制地、均匀地喂入牵伸机构。

（2）牵伸机构。牵伸机构由罗拉、皮辊、皮圈、皮圈销、集合器、摇架加压装置等机件组成。目前细纱机一般采用三罗拉双皮圈牵伸机构，无控制区小，能较好地控制纤维运动。适用于长纤维的细纱机的中皮辊一般开有滑溜凹槽，上下皮圈只在两边受到压力，当长纤维通过时形成弹性握持，而不是强制握持，有利于长纤维通过。这种牵伸称为滑溜牵伸。

（3）加捻卷绕机构。加捻卷绕机构包括导纱钩、钢领、钢丝圈、锭子、隔纱板、锭带盘、张力盘、筒管等。

①导纱钩的作用是把前罗拉输出的须条引导到锭子中心线的上方，便于加捻和控制纱条有规律地运动。

②钢领是钢丝圈的回转轨道，环锭细纱机的"环"指的就是钢领。钢丝圈在运行时，其一端与钢领的内侧圆弧（俗称跑道）相接触，二者配合良好与否，常成为高速和增大卷装时的主要问题。

③钢丝圈是细纱机上最小的零件，它的型号（这里主要指钢丝圈的几何形状）和号数（指钢丝圈重量）对纺纱张力、细纱断头率的影响较大，必须根据纺纱线密度、钢领型号、锭子速度等加以选择。

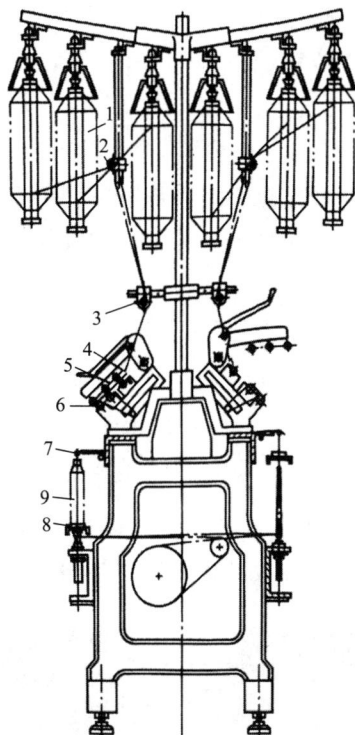

图3-44　环锭细纱机工艺流程示意图

1—粗纱管　2，3—导纱杆　4—横动导纱喇叭口

5—牵伸装置　6—前罗拉　7—导纱钩　8—钢丝圈　9—筒管

④锭子是加捻卷绕机构的主要部件，由锭杆、锭盘、锭胆和锭脚等组成，连杆以锭为轴承而高速回转，要求振动小，运转稳定。隔纱板的作用是防止相邻两锭子间气圈相撞，以减少断头。锭带盘通过锭带、锭盘带动锭子转动，每根锭带拖动四个锭子。张力盘的作用是维持锭带一定的张力。筒管内孔上部与锭杆配合，下部与锭盘配合，要求各锭插上筒管后高度一致，而且在高速运转下不跳动。

锭子高速回转通过纱条带动钢丝圈绕钢领回转，钢丝圈每转一转，给牵伸后的须条加上一个捻回，钢丝圈的运动速度小于筒管的回转速度，两者转速之差，就是筒管的卷绕圈数。钢领板在成形机构的控制下，做有规律的垂直升降运动，使纱条按一定的成形要求卷绕在筒管上。

（4）卷绕成形机构。各种环锭细纱机卷绕成形规律基本上相同，管底成形为凸钉式，纱管卷绕成圆锥形，因此，要求钢领板应具有下列运动。

①钢领板短动程升降。钢领板短动程升降运动由成形凸轮控制，由于成形凸轮的升弧与降弧比例不同，使得钢领板速度升慢降快，从而绕成稀密两种不同的纱层（束缚层和卷绕层）。

②钢领板的级升。钢领板的级升运动由棘轮控制，它使钢领板每完成一次短动程升降运动后，上升一小段距离。

③管底成形。管底成形由凸钉来完成，凸钉只在管底成形时产生作用，使纱管底部绕纱容量增加。当凸钉逐渐转移到不与链条接触时，钢领板的升降动程就不再发生变化。

2. 环锭细纱机的工艺流程

图3-44为环锭细纱机的工艺流程简图。粗纱从吊在粗纱架上的粗纱管1表面退绕出来，经过导纱杆2、3及缓慢往复运动的横动导纱喇叭口4，进入牵伸装置5，被牵伸后的须条由前罗拉6输出，通过导纱钩7，穿过钢丝圈8，经加捻后卷绕到紧套在锭子的筒管9上。

3. 细纱机的操作规程与注意事项

（1）监控界面。打开电源后触摸屏显示初始监控界面，如图3-45所示，初始监控界面显示了当前细纱机的实时纺纱工艺，包括细纱线密度、捻度、捻向和锭速。

点击 📺，界面切换至工艺参数监控界面（图3-46），该界面显示了当前细纱机的，出条速度、单锭长度等工艺参数，但不能修改，只能查看。

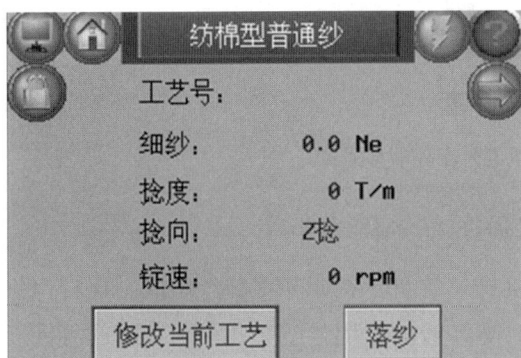

图3-45　初始监控界面

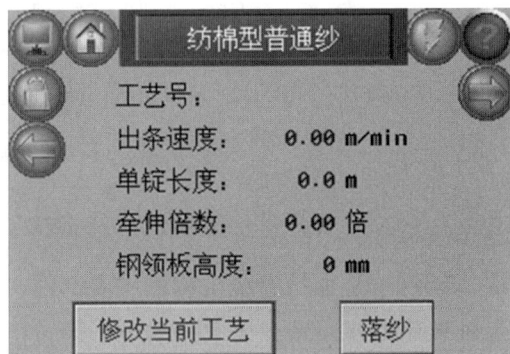

图3-46　工艺参数监控界面（一）

点击按钮 📺，界面切换至设备工艺参数监控界面（图3-47），该界面实时显示了细纱机效率相关参数，包括开车时间、停台时间、停台次数及生产效率。

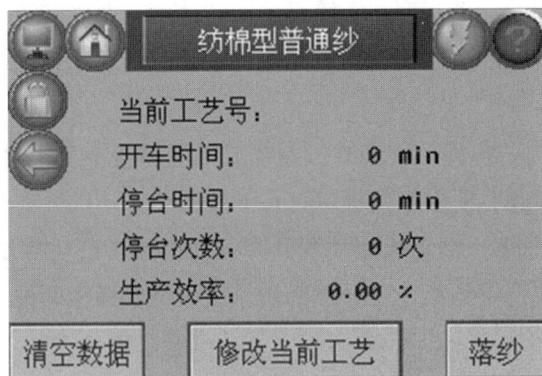

图3-47　工艺参数监控界面（二）

对于 修改当前工艺 ，由于开机后系统默认为0级用户不具有对应权限，无法操作，上述按钮不可用。

对于 清空数据 和 落纱 操作，0级用户即可操作。

（2）在线控制界面。如要更改工艺参数，首先要输入操作密码，点击 ，进入权限修改界面（图3-48），更改工艺参数。

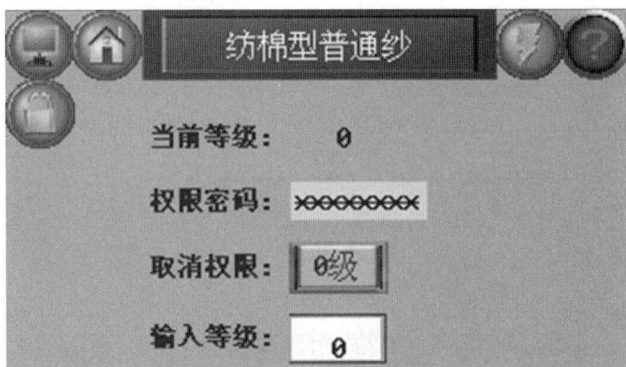

图3-48　权限修改界面

点击"权限密码"，弹出小键盘，输入密码后，当前密码等级变化为"1"。（只有密码等级大于等于1时，才能更改工艺参数，点击 0级 ，密码等级又会重新变回0级）

输入密码后，点击 ，画面切换回图3-45，监控界面。

此时，点击 修改当前工艺 ，进入在线控制界面，如图3-49所示，此界面能更改相应工艺参数。点击按钮 ，画面切换回图3-45。

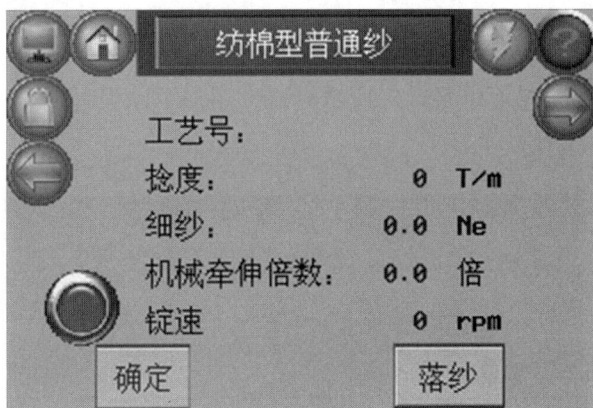

图3-49　在线控制界面

点击 进入包芯纱工艺参数更改界面（图3-50），用户可以根据需要更改相应包芯纱的芯纱速比等工艺参数。

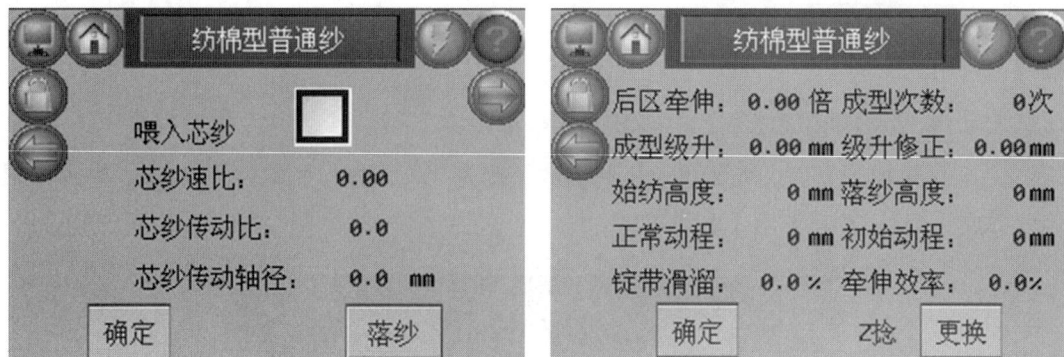

图3-50　包芯纱工艺参数更改界面

修改成型次数、锭带滑溜以及牵伸效率等参数则需要2级以上用户输入密码之后进行操作。

（3）主菜单界面。当点击 进入主菜单界面（图3-51）。

图3-51　主菜单界面

2级以上用户输入密码之后，可以对工艺设计、纺竹节纱、恢复出厂值等功能进行操作。

当点击 工艺设计 ，进入如图3-52所示界面，用户可以设计所纺的纱线，包括普通棉纺纱、毛纺纱、缎彩纱及竹节纱。

图3-52　工艺设计控制界面

当点击 ⬭ 普通纱工艺设计 后，用户可以进行纺纱工艺的添加、查询及搜索功能，如图3-53所示。

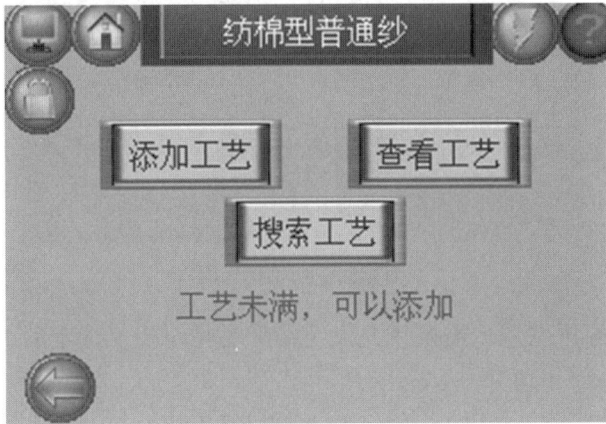

图3-53 普通纱工艺设计控制界面

当点击 添加工艺 ，可进入工艺添加界面，如图3-54所示。

当点击 般彩纱—规律竹节纱设计 、 竹节纱—专素工艺设计 时，工艺设计、添加、查询等功能跟普通纱工艺设计流程类似。

用户需要纺制毛型纱线、竹节纱线时，需要进行设置，点击 纺竹节纱 出现对应的复选框，如图3-55所示。

主菜单界面的 设备参数 ，厂家自行保留权限，供设备升级、调试使用。

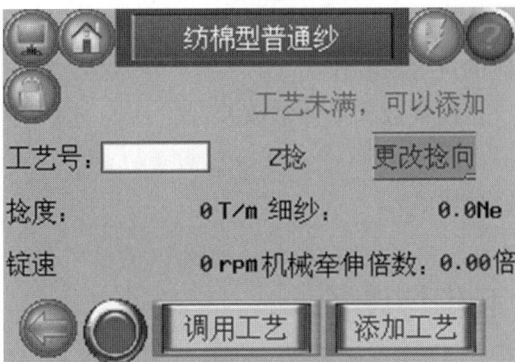

图3-54 工艺添加界面

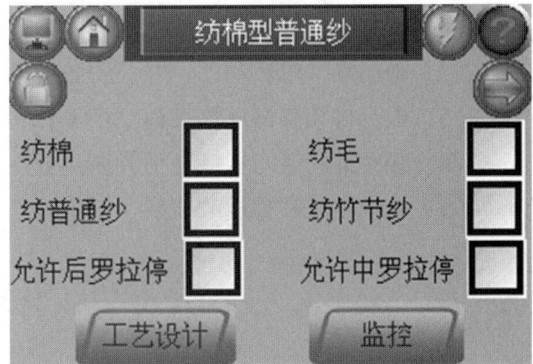

图3-55 复选框

（4）初始化界面。如设备操作系统出现运转不正常的情况时，可通过初始化界面（图3-56）恢复出厂值，然后重新输入工艺参数即可正常运行。

（5）注意事项。本小型数字式细纱试验机为双面车，左右两面车都安置开关，开关具有开车、点动和停车三个按钮。从车头方向看，左侧为纺毛系统，右侧为纺棉系统。开车前，需注意以下几点。

①开车前，确保隔离开关和万能转换开关处于闭合状态。

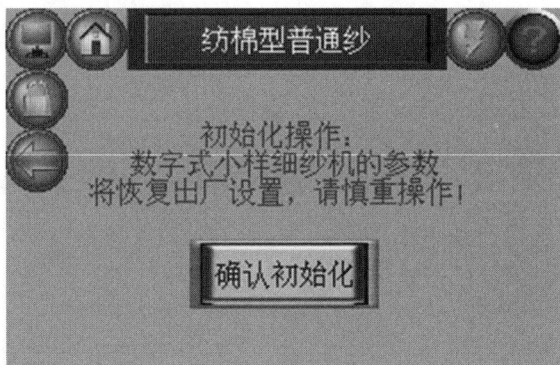

图3-56　初始化界面

②开车前，必须根据用户需要首先设定纺毛还是纺棉，选定后，再设置其他工艺参数。无工艺参数状态下不可开车。

③按压按钮时间持续0.5s以上，防止控制信号受干扰引起误动作。

④停车信号发出后，减速过程中不可再次开车，完全停止后，方可开车。

⑤不使用机器时，应断开电源。

4．绘制草图

根据本试验机台现场绘制其传动草图。

五、作业与思考题

（1）画出细纱机结构简图，并标明各部件名称和牵伸类型。

（2）试分析钢领的运动规律及要求。

（3）试分析细纱张力的变化规律。

（4）画出细纱机传动图，并注明各变换齿轮的位置及其作用。

（5）根据传动图试计算锭速、前罗拉转速、捻度常数和牵伸常数。

（6）细纱的卷绕与粗纱有何异同点？

（7）纺纱细度和捻度改变后，对细纱产量有何影响？

第八节　并捻工艺与设备

一、实验目的与要求

（1）了解并纱机、捻线机的工艺流程。

（2）了解并纱机、捻线机的结构及各机件的主要作用。

（3）了解并纱机、捻线机的传动系统。

二、基础知识

细纱纺成后，按其不同的用途要求，有的直接经络筒、整经、浆纱和络纬等分别做成经轴、织轴和纡子；有的细纱经络筒做成筒子纱或再经摇纱机做成绞纱，作为成品出售；有的细纱则在强力、条干均匀度及手感等方面往往不符合直接加工成织物或工业用线的要求，因而需要根据产品的风格特点，把若干根单纱捻合成股线。为了保证捻合后的股线细度均匀，单纱的张力应一致；在捻线之前要除去单纱中的杂质、飞花、结子、粗节等外观疵点，以保证股线条干光洁。为了提高捻线机的工作效率，在捻线之前，一般先经过络筒，还需先经过并线。

将单纱加工成股线的工序，称为并捻工序。其一般工艺流程如下。

直接并纱

细纱（管纱）→络筒→并纱→捻线→络筒→织造准备车间

并捻联合机

三、实验设备

并纱机、环锭捻线机。

四、实验内容

1. 并纱机组成及工艺流程

一般并纱机主要由卷取、导纱、清纱、张力、断头探测、切纱、夹纱等装置组成。如图3-57所示，其工艺流程为喂入单纱筒子1放在搁架上，在纱筒之间装有隔纱板。纱线由筒子退绕后，经过气圈控制器2、导纱器3，穿过清纱器4、纱线张力装置6、断头探测器5、切纱与夹纱装置7，由支撑罗拉10支撑，并由导纱装置8导向卷绕成筒子9。

2. 捻线机

捻线机的种类很多，有环锭、翼锭、帽锭、离心锭、倍捻和花式捻线机等。目前使用最多的是环锭捻线机，本实验主要介绍环锭捻线机。

（1）环锭捻线机的组成。捻线机主要由喂入部分、罗拉部分、断头自停装置及卷绕成形等机构组成。

①喂入部分。主要包括筒子架、导纱杆和导纱钩。

②罗拉部分。罗拉部分主要由一对金属光面罗拉组成。

③断头自停装置（图3-58）。自停片与断头自停探针为一体，活套在小轴上。当纱线正常运行

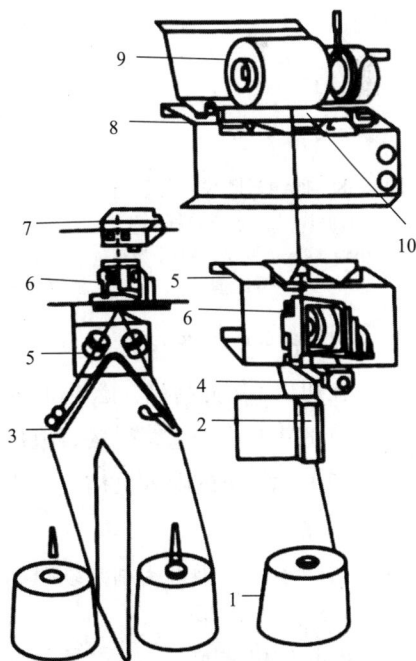

图3-57　高速并纱机工艺流程示意图

时，探针受到纱线的张力而抬起，此时自停片远离上下罗拉的后钳口。当纱线断头后，探针失去控制而下落，自停片就以小轴为支点向前插入上下罗拉的后钳口，由于上罗拉依靠下罗拉的摩擦而转动，自停片插入上下罗拉钳口后，上罗拉便停止转动，因而纱线不能继续向前输送，起到断头自停的作用。

④卷绕成形机构。环锭捻线机的卷绕成形机构与环锭细纱机大致相似，仅在规格上有所不同。

（2）环锭捻线机的工艺流程。图3-59为环锭捻线机工艺流程示意图。从并线筒子引出的纱，经导纱杆、导纱钩和上、下罗拉后，再经断头自停钩、导纱钩、钢丝圈、钢领，最后卷绕到随锭子一起回转的纱管上。环锭捻线机除了罗拉部分无牵伸作用外，其余部分与细纱机相似。

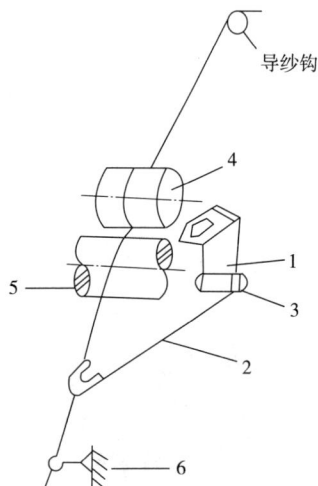

图3-58　捻线机断头自停装置

1—自停片　2—断头自停探针
3—小轴　4—上罗拉　5—下罗拉
6—导纱钩

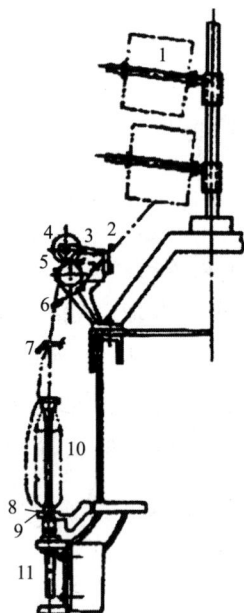

图3-59　环锭捻线机工艺流程示意图

1—并纱筒子　2—导纱杆　3—导纱钩　4—上罗拉　5—下罗拉
6—断头自停钩　7—导纱钩　8—钢丝圈　9—钢领　10—纱管　11—锭子

3．进一步了解和观察

在初步了解并纱机、捻线机的组成和工艺过程后，要求学生进一步了解和观察以下内容。

（1）并纱机的卷绕机构、成形机构、防叠装置、断头自停装置和张力装置。

（2）捻线机的喂入机构、断头自停装置。

4．绘制草图

对照本试验机台绘制并纱机、捻线机传动草图。

五、作业与思考题

（1）说明并纱机、捻线机的主要作用。

（2）对照机器画出并纱机、捻线机的工艺流程简图。

（3）比较捻线机与细纱机的不同点。

第九节　倍捻工艺与设备

一、实验目的与要求

（1）了解倍捻机的工作原理和工艺流程。

（2）了解倍捻机的结构及主要机件的作用。

（3）了解倍捻机的传动系统。

二、基础知识

　　环锭捻线机锭子每回转一转（实际为钢丝圈绕钢领转一回），纱线得到一个捻回，而在倍捻机上加捻，则锭子每回转一转纱线得到两个捻回。倍捻机工艺流程及原理示意图如图3-60所示。第一个捻回是在空心锭子轴5和储纱盘出口7之间，第二个捻回是在储纱盘出口和导纱钩11之间如图3-60（a）所示。由于锭子每转一转，纱线上可以得到两个捻回，因此提高了加捻效率和产量。

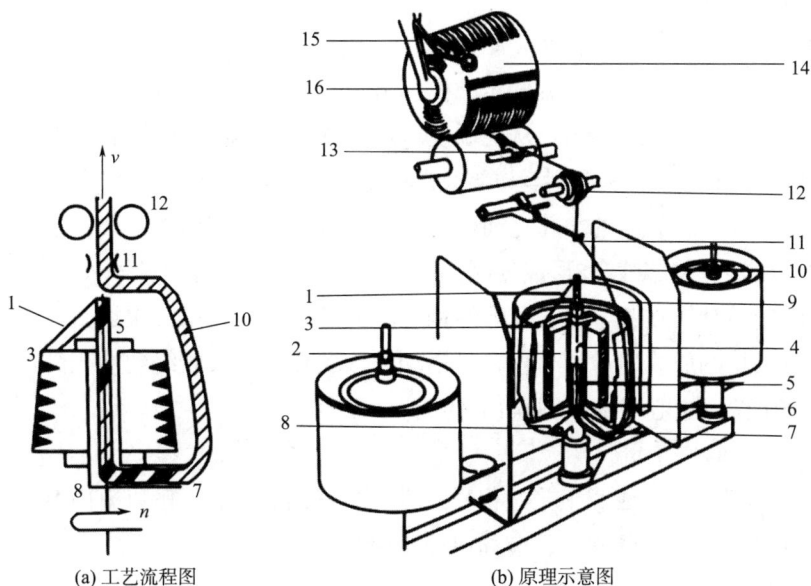

(a) 工艺流程图　　　　　　　　(b) 原理示意图

图3-60　倍捻机工艺流程及原理示意图

1—无捻纱线　2—喂入筒子　3—退绕器（又称锭翼导纱钩）4—纱闸　5—空心锭子轴　6—锭子转子
7—储纱盘出口　8—储纱盘　9—气圈罩　10—气圈　11—导纱钩
12—超喂辊　13—横动导纱器　14—卷绕筒　15—纱架　16—圆盘

三、实验设备

　　倍捻机。

四、实验内容

1. 倍捻机的组成

倍捻机主要由动力部分、倍捻单元和传动部分等组成。

（1）动力部分主要包括电动机、电器控制箱、指示器和操作面板。

（2）倍捻单元的结构主要包括锭子制动装置、倍捻机锭子部分、纱线卷绕装置、倍捻单元的特殊装置等。要求学生仔细观察其主要机件的形状、结构和作用。

①锭子制动装置。主要包括锭子传动带和皮带轮、带锭子制动的踏板。

②倍捻机锭子部分。主要包括可储纱和导向的锭盘、纱线张力装置、退纱器、气圈罩、导纱钩和断纱停机落钩等。

③纱线卷绕装置。主要包括倾斜罗拉、超喂罗拉、储纱装置、横向导纱钩、筒子、升降筒子架和筒管盘等。

（3）传动部分。

①电动机通过皮带盘、皮带、锭子龙带传动锭子。

②由锭子龙带通过齿形带、减速装置等传到卷绕罗拉、超喂罗拉等。同时将横动凸轮的传动变成滑块往复运动，带动横动导纱器往复。

③防重叠装置避免筒管上形成条状花形的卷绕。电磁离合器控制的脉冲，周期地变换横向导纱器的速度。

2. 倍捻机加捻卷绕工艺流程

图3-60（b）为倍捻机工艺流程示意图。并纱筒子置于空心锭子中，无捻纱线1借助于退绕器3从喂入筒子2退绕输出，从锭子上端进入纱闸4和空心锭子轴5，再进入旋转着的锭子转子6的上半部，然后从储纱盘8的纱槽末端的储纱盘出口7中出来，此时无捻纱在空心轴内的纱闸和锭子转子内的小孔之间进行了第一次加捻，即施加了第一个捻回。已经加了一次捻的纱线，绕着储纱盘8形成气圈10，受气圈罩9的支承和限制，气圈在顶点处受到导纱钩11的限制。纱线在锭子转子及导纱钩之间的外气圈进行第二次加捻，即施加了第二个捻回。经过加捻的股线通过超喂辊12、横动导纱器13，交叉卷绕到卷绕筒14上。卷绕筒14夹在纱架15上两个中心对准的圆盘16之间。

3. 进一步观察和了解

在初步了解机构的组成和工艺过程后，进一步仔细观察和了解以下内容。

（1）在储纱盘上储纱的意义，应如何控制储纱。

（2）空心锭子的结构。

（3）超喂罗拉的作用。

4. 绘制草图

对照实验机台绘制其传动草图。

五、作业与思考题

（1）简述锭子每回转一转，纱线得到两个捻回的工作原理。

（2）对照机器和传动图画出传动系统工艺流程图。

（3）纱线张力装置的主要作用是什么？应如何调节？

第十节　花式捻线工艺与设备

一、实验目的与要求

（1）了解花式捻线机的结构及各部分的主要作用。

（2）了解花式纱线生产的步骤及花型形成的过程。

（3）初步了解花式捻线机的工艺调节。

二、基础知识

花式纱线是一种用特殊工艺制成、具有特种外观形态与色彩的纱线。例如，表面呈现纤维结、竹节、环圈、波浪、辫条或锥形螺旋等外观的纱线。花式纱线的加工方法有很多，有环锭式和空心锭式等。空心锭花式捻线机是纺制花式纱线的一种新设备。它改变了传统花式捻线机的加工过程，将纺纱、一次加捻、二次加捻和络筒四道工序合而为一，大大简化了花式纱线的生产工艺，提高了生产效率，降低了成本，增加了花色品种。

花式纱线种类繁多，空心锭花式捻线机几乎可以生产所有的品种，主要包括两大类，即超喂型花式纱线和控制型花式纱线。这两类花式纱线根据喂入原料的方法又可分为纱线型和纺纱型两种。

花式纱线一般由芯纱、固纱和饰纱相互作用而成。芯纱是花式线的主体，被包在花式线的中间，是饰纱的依附体，它与固纱构成花式线的强力，所以芯纱一般选用强力好的涤纶、锦纶、丙纶复丝或混纺短纤维纱线；固纱包覆在饰纱与芯纱外面，主要用来固定花型以防花型移位或变形，一般选用线密度低而强度好的长丝；饰纱包缠在芯纱外面以构成各种花型，起装饰作用，是构成花式线外形的主要成分，也是决定花式线的花型色彩、手感、弹性、服用性能的关键。

三、实验设备

空心锭花式捻线机。

四、实验内容

1. 空心锭花式捻线机组成

空心锭花式捻线机由喂入部分、牵伸部分、加捻部分、卷绕部分和微机控制系统等组成。

2. 空心锭花式捻线机工艺流程

如图3-61所示，芯线由喂入罗拉经导纱杆喂入空心锭子（有的花式捻线机芯线由前罗拉沟槽部位喂入）；饰线经牵伸机构后进入空心锭子，并以超喂的形式喂入；固线从空心锭子筒管上引出并一起进入空心锭子。三根线同时经过空心锭子上端口A喂入，经加捻器、输出罗拉卷绕成筒子纱。三根纱线进入空心锭子后，在加捻钩之前，固线与芯线、饰线平行回转，通过加捻钩后，固线与芯线、饰线捻合在一起。由于锭子（或加捻钩）的回转，使芯线、饰线在加捻钩前形成假捻（初捻）B并形成花形，通过加捻钩后，芯线饰线再解捻，退解时新翻出花形。此时，固线所获得的真捻（二次加捻）把新翻出的花形包缠和固定下来，从而形成最终产品的花式形态。在整个纺制过程中，芯线需保持一定的张力，饰线要有超喂（超喂型花式线），固线必须包缠，三者缺一不可才能形成花式效应。因此，整个纺纱过程为四道工序的复合，即纺纱、初捻、二次加捻、络筒合并为一道连续工序完成。

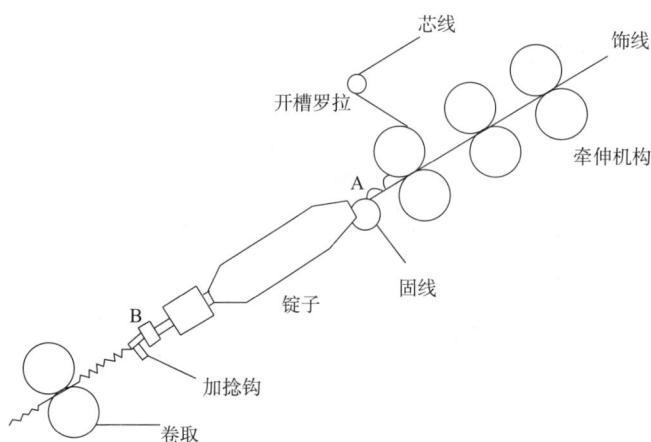

图3-61　空心锭花式捻线机工艺流程示意图

3. 进一步观察和了解

仔细观察改变工艺参数后花式线的花型变化情况。

五、作业与思考题

（1）花式纱有哪些种类?

（2）分析空心锭子以及附装于其上的加捻器的加捻作用。

（3）简述用空心锭花式捻线机生产花式线的工艺原理。

第四章　纱线试纺实验

第一节　纯纺纱试纺

一、实验目的

（1）通过试纺实验，能够根据所纺纯纺纱用途、线密度及工艺流程，进行各工序半制品定量设计。

（2）能够正确制订各道工序上机工艺参数，并进行上机调试。

（3）能够测定半制品及纯纺纱的线密度、捻度、强力、毛羽、条干均匀度等基本性能。

二、实验原料与设备

1. 实验原料

棉纤维。

2. 试纺机器

梳棉机、精梳机、并条机、粗纱机、细纱机等。

3. 测试仪器

滚筒测长器、天平、缕纱测长仪、细纱捻度仪、条干仪、单纱强力机、纱线毛羽测试仪等。

三、纺纱工艺设计与试纺

本实验为棉纺上机试纺。其工艺流程为：

（配棉→开清棉）→梳棉→（精梳前准备→精梳→）并条Ⅰ→并条Ⅱ→粗纱→细纱

1. 配棉

在上机试纺中，首先需要考虑原料的选配。原料选配应该按照纱线线密度、用途及加工等特点不同，对照纺织行业相关标准进行。

根据相关原棉品种资料进行配棉，一个配棉方案中各混料成分技术性能指标差异为：品级差异在1~2级以内；长度差异在2~4mm以内；纤维细度差异在1.25~2.0tex（500~800公支）；含水、含杂率差异在1%~2%；成熟度差异在0~0.15内；每一品种比例一般不超过25%。配棉后混料的综合技术性能指标一般可采用重量加权法计算。

2. 梳棉

根据所要求的产品及原料情况，确定主要的工艺参数，如机械牵伸倍数，实际牵伸倍数、锡林、刺辊、道夫、盖板速度、锡林与盖板隔距、锡林与道夫隔距、刺辊与锡林隔距、生条定量等。在此基础上，计算牵伸倍数，保证生条定量符合要求。

梳棉条定量应该考虑梳理、除杂的效果，梳棉条定量常规设计范围见表4-1。锡林与刺辊的表面速比在纺棉时宜为1.7~2.0，以利于纤维顺利从刺辊向锡林的转移。

表4-1 梳棉条定量常规设计范围

细纱线密度（tex）	梳棉条线密度（tex）	梳棉条定量（g/5m）
9.7~11	3200~4000	16~20
12~20	3400~4200	17~21
21~31	3800~4800	19~24
32~97	4300~5400	21.5~27

棉条实际牵伸倍数E为：

$$E = \frac{棉卷1m干重 \times 5}{棉条5m干重}$$

根据实验所用梳棉机的传动图，进行牵伸齿轮计算。

梳棉机机械牵伸倍数E_0为：

$$E_0 = \frac{圈条压辊线速度}{棉卷罗拉线速度} = \frac{牵伸常数}{牵伸齿轮齿数}$$

理论上，$E=E_0$，由于梳棉过程中因部分杂质、短绒及少量可纺纤维会成为落棉，故棉条的实际牵伸倍数与机械牵伸倍数存在差异。

棉条定量偏差为：

$$棉条定量偏差 = \frac{棉条的实际平均干燥定量 - 设计的标准干燥定量}{设计的标准干燥定量} \times 100\%$$

对梳棉机输出的生条，要进行质量检验，如果质量达不到要求，必须对有关参数加以调整。生条的质量指标及控制范围见表4-2。

表4-2 生条的质量指标及控制范围

等级	萨氏条干不匀率（%）	条干不匀CV（%）	重量不匀率（%）	
			有自调匀整	无自调匀整
优	<18	2.6~3.7	≤1.8	≤4
中	18~20	3.8~5.0	1.8~2.5	4~5
差	>20	5.1~6.0	>2.5	>5

3. 精梳

根据精梳小卷定量、精梳条定量、精梳落棉率等参数计算牵伸倍数。

设G_0为精梳小卷的定量（g/m），G为精梳条的定量（g/5m），c为精梳机的落棉率（%），

E为精梳机的总牵伸倍数，n为条子的并合根数，则有：

$$E = \frac{5 \times n \times G_0 \times (1-c)}{G} \quad (4-1)$$

因总牵伸倍数等于部分牵伸倍数的乘积，则有：

$$E = e_A \times e_B \times e_C \quad (4-2)$$

式中，e_A为分离牵伸倍数，即为分离罗拉到给棉罗拉的牵伸倍数；e_B为牵伸装置的牵伸倍数；e_C为精梳机各部分张力牵伸倍数的乘积。

设A为给棉罗拉的给棉长度（mm/钳次），S为精梳机分离罗拉的有效输出长度，则有：

$$e_A = \frac{S}{A} \quad (4-3)$$

将式（4-2）、式（4-3）分别代入式（4-1）整理得到精梳机牵伸装置的牵伸倍数为：

$$e_B = \frac{5 \times n \times G_0 \times (1-c) \times A}{G \times S \times e_C}$$

试纺后，测定精梳条的条定量及精梳落棉率，当精梳条的定量偏差较大及精梳落棉率与设计相差较大时，重新计算牵伸变换齿轮并调整落棉隔距，重新试纺直至定量正确。

$$精梳条重量偏差 = \frac{精梳条实际干重 - 精梳条设计干重}{精梳条设计干重} \times 100\%$$

精梳条的质量指标有精梳条条干CV值、精梳条含短绒率、精梳条重量不匀率等，其控制范围见表4-3。可以通过调整给棉长度、落棉隔距和结合长度来控制精梳条质量。

表4-3 精梳条质量参考指标

精梳条条干 CV值（%）	精梳条含短绒率（%）	精梳条重量不匀率（%）	机台间精梳条重量不匀率（%）	精梳后棉结清除率（%）	精梳后杂质清除率（%）
<3.8	<8	<0.6	<0.9	>17	>50

4. 并条

根据生条质量及熟条质量要求，参考相关资料，确定并条机相关工艺参数，如条子定量、机械牵伸倍数、实际牵伸倍数、并合根数、罗拉握持距、罗拉加压等。棉条的定量配置应根据纺纱线密度、产品质量要求和加工原料的特性来确定。一般纺细特纱时，产品要求质量较高，定量应该偏轻掌握。但在罗拉加压充分的条件下，可以适当加重定量。并条工艺中，一般头道并条的后区牵伸倍数为1.4~1.8倍，二道并条的后区牵伸倍数为1.1~1.5倍。前区牵伸倍数一般在0.99~1.03倍，纺纯棉时，前区牵伸倍数可小一些。

并条实际牵伸倍数E：

$$E = \frac{喂入棉条干重 \times 并合数}{输出棉条干重}$$

通过控制面板直接设定牵伸倍数。

并条机械牵伸倍数E_0：

$$E_0 = \frac{\text{紧压罗拉线速度}}{\text{导条罗拉线速度}} = \frac{\text{牵伸常数} \times \text{牵伸齿轮齿数}}{\text{冠牙齿数}}$$

考虑生产中纤维可能散失及皮辊打滑等因素，E不等于E_0。

牵伸效率B计算见下式，其倒数为牵伸配合率。牵伸效率B与原料性质、机器性能有关，往往设计机械牵伸倍数时，还要考虑牵伸效率B。

$$B = \frac{E}{E_0} \times 100\%$$

$$\text{设计机械牵伸倍数} = \frac{\text{实际牵伸倍数}E}{\text{牵伸效率}B}$$

试纺后，测定棉条定量，当定量偏差较大时，重新计算牵伸牙，调整参数后再试纺，直至定量正确。其中，牵伸牙是纺纱设备中用于实现牵伸功能的关键部件，通常安装在牵伸机构中，用于夹持和拉伸纤维条。

$$\text{棉条定量偏差} = \frac{\text{棉条的实际平均干燥定量} - \text{设计的标准干燥定量}}{\text{设计的标准干燥定量}} \times 100\%$$

此外，对并条机输出的熟条要进行质量检测，如果质量达不到要求，必须对有关工艺参数加以调整。熟条的质量指标及控制范围见表4-4。

表4-4 熟条的质量指标及控制范围

项目		萨氏条干不匀率（%）	条干不匀率（%）	重量不匀率（%）
纯棉	细特纱	≤18	3.5~3.6	≤0.9
	中、粗特纱	≤21	4.1~4.3	≤1

注 同品种熟条的重量偏差控制在±0.5%范围内。

5. 粗纱

根据熟条质量及粗纱质量要求，参考相关资料，确定粗纱机的相关工艺参数，如机械牵伸倍数、实际牵伸倍数、捻系数、罗拉握持距、罗拉加压、锭速、锭翼绕纱圈数、钳口隔距、轴向卷绕密度等。不同纤维品种的粗纱捻系数有所不同，纺纯棉机织纱时，粗纱捻系数应在86~102之间；纺纯棉针织纱时，粗纱捻系数应在104~115之间。纺纯棉纱时，纯棉粗纱锭速选用范围见表4-5。

表4-5 纯棉粗纱锭速选用范围

纺纱线密度		粗特纱	中细特纱	特细特纱
锭速范围（r/min）	托锭式	500~700	650~850	800~1000
	悬锭式	800~1000	900~1100	1000~1200

（1）牵伸变换齿轮选择。

①粗纱实际牵伸倍数E。

$$E = \frac{\text{喂入棉条5m干重} \times 2}{\text{输出粗纱10m干重}}$$

根据粗纱机传动图，进行牵伸齿轮计算。

②机械牵伸倍数E_0。

$$E_0 = \frac{\text{前罗拉线速度}}{\text{后罗拉线速度}}$$

在计算牵伸变化齿轮时还要考虑牵伸效率B。

（2）捻度变换齿轮选择。根据所选定的粗纱捻系数α_t，以及粗纱的线密度Tt计算出粗纱捻度T：

$$T = \frac{\alpha_t}{\sqrt{\text{Tt}}}（\text{捻}/10\text{cm}）$$

又因为：

$$\text{粗纱捻度} = \frac{\text{锭子转速}n}{\text{前罗拉线速度}V_F}$$

再根据所选择的粗纱机锭速，可以计算出粗纱机的捻度变换齿轮。

粗纱还应根据所纺粗纱的线密度，合理选择卷绕密度，即合理选择卷绕变换齿轮、张力变换齿轮、升降变换齿轮等参数。

通过上述计算和选择，可以上机安装牵伸变换齿轮、捻度变换齿轮并按照理论设计要求调整其他工艺参数。如果是无锥轮粗纱机，则可以通过面板直接调节有关参数。

试纺后，测定粗纱定量。当定量偏差较大时，重新计算牵伸牙，再试纺，直至定量准确。测定粗纱捻度，当捻度偏差较大时，重新计算捻度牙，再试纺，直至捻度正确。测定粗纱伸长率，当粗纱伸长率偏差较大时，重新调整粗纱张力（伸长率）。其中，捻度牙是纺纱设备中用于实现加捻功能的关键部件，安装在加捻机构中，用于控制纱线的捻度。

测定粗纱重量不匀率、条干不匀率和粗纱伸长率，对照相关标准评判粗纱质量，从理论上分析提高粗纱质量的措施。

粗纱质量控制指标见表4-6。

表4-6 粗纱质量控制指标

纺纱类别		萨氏条干不匀率（%）	乌斯特条干不匀率（%）	重量不匀率（%）	粗纱伸长率（%）	捻度（捻/10cm）
纯棉纱	粗特	≤40	6.1~8.7	≤1.1	1.5~2.5	以设计捻度为标准
	中特	≤35	6.5~9.1	≤1.1	1.5~2.5	
	细特	≤30	6.9~9.5	≤1.1	1.5~2.5	
精梳纱		≤25	4.5~6.8	≤1.3	1.5~2.5	

6．细纱

根据细纱的最终用途和质量要求，参考相关资料，确定细纱机相关工艺参数，如机械牵伸倍数、实际牵伸倍数、捻系数、捻向、罗拉握持距、罗拉加压、锭速、钳口隔距、钢领型号及直径、钢丝圈型号及号数等。

（1）细纱实际牵伸倍数 E。

$$E = \frac{\text{喂入细纱10m干重} \times 10}{\text{输出细纱100m干重}}$$

根据细纱机传动图，进行牵伸齿轮计算。

（2）机械牵伸倍数 E_0。

$$E_0 = \frac{\text{前罗拉线速度}}{\text{后罗拉线速度}}$$

由于捻缩及皮圈滑溜等原因，细纱的实际牵伸倍数不等于机械牵伸倍数，因此在计算牵伸变换齿轮时，还应考虑牵伸效率 B。

同粗纱的情况一样，可根据所选择的细纱锭速和捻度，按照下式计算出细纱的捻度变换齿轮。

$$\text{细纱捻度} = \frac{\text{锭子转速} n}{\text{前罗拉线速度} V_F}$$

另外，根据细纱线密度的不同，还要合理选择卷绕变换齿轮等。

上机安装牵伸、捻度、卷绕等变换齿轮，并按照设计要求调整其他工艺参数。

试纺后，测定细纱定量，当定量偏差较大时，重新计算牵伸变换齿轮，再试纺，直至定量正确；测定细纱捻度，当捻度偏差较大时，重新计算捻度变换齿轮，再试纺，直至捻度正确；最后，测定细纱其他的质量指标。例如，细纱强力、强力变异系数、重量偏差率、重量不匀率、条干不匀率、10万米纱疵数、棉结数等。

细纱作为纺纱加工的最终产品，具有国家或行业标准。此外，乌斯特公报也可以反映细纱的质量水平。具体质量指标参见相关的细纱质量标准及乌斯特公报。

四、细纱性能测试

测定细纱的各项质量指标，包括细纱线密度、捻度、强力、毛羽、条干不匀率等。具体测试标准和测试方法详见第五章。最后对照相关标准评定细纱质量，从理论上分析改善细纱质量的措施。

五、实验报告

待试纺完成后，撰写实验报告，根据试纺纱线效果，从理论上分析改善细纱质量的措施。

第二节　混纺纱试纺

一、实验目的

（1）通过试纺实验，能够根据所纺混纺纱用途、线密度及工艺流程，进行各工序半制品定量设计。

（2）能够正确制订各道工序上机工艺参数，并进行上机调试。

（3）能够测定半制品及混纺纱的线密度、捻度、强力、毛羽、条干均匀度等基本性能。

二、实验原料与设备

1. 实验原料

棉纤维、涤纶短纤。

2. 试纺机器

梳棉机、精梳机、并条机、粗纱机、细纱机等。

3. 测试仪器

滚筒测长器、天平、缕纱测长仪、细纱捻度仪、条干仪、单纱强力机、纱线毛羽测试仪等。

三、纺纱工艺设计与试纺

本实验为涤/棉混纺上机试纺。其工艺流程为：

（配棉→开清棉）→梳棉→（精梳前准备→精梳→）并条Ⅰ→并条Ⅱ→粗纱→细纱

1. 配棉

在上机试纺中，首先要确定涤纶短纤和棉纤维的配比。配棉后混料的综合技术性能指标一般可采用重量加权法计算。以涤/棉（65/35）短纤纱为例，混料总重量W计算如下：

$$W = W_涤 \times 65\% + W_棉 \times 35\%$$

2. 梳棉

根据所要求的产品及原料情况，确定主要的工艺参数，如速度、隔距等。再计算牵伸倍数，使生条定量符合要求。

梳棉条定量应该考虑梳理、除杂的效果，梳棉条定量常规设计范围同纯纺棉纱。锡林与刺辊的表面速比在纺化纤时宜在2.0以上；纺中长化纤时比值还应提高，以利于纤维顺利从刺辊向锡林的转移。盖板速度在纺化纤时，一般采用最低档速度。化纤杂质少，有关落棉隔距的设置应有利于减少落棉。

（1）涤/棉生条实际牵伸倍数E。

$$E = \frac{涤/棉卷1m干重 \times 5}{涤/棉条5m干重}$$

根据实验所用梳棉机的传动图，进行牵伸齿轮计算。

（2）梳棉机机械牵伸倍数E_0。

$$E_0 = \frac{圈条压辊线速度}{棉卷罗拉线速度} = \frac{牵伸常数}{牵伸齿轮齿数}$$

理论上，$E=E_0$，由于梳棉过程中因部分杂质、短绒及少量可纺纤维会称为落棉，故涤/棉生条的实际牵伸倍数与机械牵伸倍数存在差异。

（3）涤/棉生条定量偏差。

$$涤/棉生条定量偏差 = \frac{涤/棉生条的实际平均干燥定量 - 设计的标准干燥定量}{设计的标准干燥定量} \times 100\%$$

对梳棉机输出的生条，要进行质量检验，如果质量达不到要求，必须对有关参数加以调整。生条的主要检验指标及控制范围同纯棉纱，见表4-1。

3. 精梳

精梳试纺工艺参数根据所纺纤维长度参照纯纺纱工艺进行适当调整。精梳条质量的检测与控制参见纯纺棉纱的精梳条质量的检测与控制（表4-2）。

4. 并条

根据生条质量及熟条质量要求，参考相关资料，确定并条机相关工艺参数，如条子定量、机械牵伸倍数、实际牵伸倍数、并合根数、罗拉握持距、罗拉加压等。涤/棉条的定量配置应根据纱线线密度、产品质量要求和加工原料的特性来确定。一般化纤混纺时，产品要求质量较高，定量应该偏轻掌握。但在罗拉加压充分的条件下，可以适当加重定量。并条工艺中，一般头道并条的后区牵伸倍数为1.4~1.8倍，二道并条的后区牵伸倍数为1.1~1.5倍，前张力牵伸倍数一般在0.99~1.03倍间。

（1）并条实际牵伸倍数E。

$$E = \frac{喂入涤/棉条干重 \times 并合数}{输出涤/棉条干重}$$

通过控制面板直接设定牵伸倍数。

（2）并条机械牵伸倍数E_0。

$$E_0 = \frac{紧压罗拉线速度}{导条罗拉线速度} = \frac{牵伸常数 \times 牵伸齿轮齿数}{冠牙齿数}$$

考虑生产中纤维可能散失及皮辊打滑等因素，E不等于E_0。

牵伸效率B计算见下式，其倒数为牵伸配合率。牵伸效率B与原料性质、机器性能有关，往往设计机械牵伸倍数时，还要考虑牵伸效率B。

$$B = \frac{E}{E_0} \times 100\%$$

$$设计机械牵伸倍数 = \frac{实际牵伸倍数E}{牵伸效率B}$$

试纺后，测定涤/棉熟条定量，当定量偏差较大时，重新计算牵伸牙，调整参数后再试纺，直至定量正确。

$$涤/棉熟条定量偏差 = \frac{涤/棉熟条的实际平均干燥定量 - 设计的标准干燥定量}{设计的标准干燥定量} \times 100\%$$

此外，对并条机输出的熟条要进行质量检测，如果质量达不到要求，必须对有关工艺参数加以调整。涤/棉熟条的质量指标及控制范围见表4-7。

表4-7 涤/棉熟条的质量指标及控制范围

项目	萨氏条干不匀率 （％）	条干不匀率 （％）	重量不匀率 （％）
涤/棉熟条	≤13	3.2~3.8	≤0.8

同品种熟条的重量偏差控制在±0.5%范围内。

5. 粗纱

根据熟条质量及粗纱质量要求，参考相关资料，确定粗纱机的相关工艺参数，如机械牵伸倍数、实际牵伸倍数、捻系数、罗拉握持距、罗拉加压、锭速、锭翼绕纱圈数、钳口隔距、轴向卷绕密度等。不同纤维品种的粗纱捻系数有所不同，纺棉型化纤混纺纱时，粗纱捻系数应在55~70之间；纺涤/棉（65/35~45/55）混纺纱时，粗纱捻系数应在63~70之间。纺涤/棉混纺纱时，粗纱锭速应该比棉纺的粗纱锭速降低20%~30%。

（1）牵伸变换齿轮选择（计算同纯棉纱）。

①粗纱实际牵伸倍数E。

$$E = \frac{喂入涤/棉条5m干重 \times 2}{输出粗纱10m干重}$$

根据粗纱机传动图，进行牵伸齿轮计算。

②机械牵伸倍数E_0。

$$E_0 = \frac{前罗拉线速度}{后罗拉线速度}$$

在计算牵伸变化齿轮时还要考虑牵伸效率B。

（2）捻度变换齿轮选择。同纯纺纱试纺部分。

粗纱的质量控制指标见表4-8。

表4-8　粗纱质量控制指标

纺纱类别	萨氏条干不匀率（％）	乌斯特条干不匀率（％）	重量不匀率（％）	粗纱伸长率（％）	捻度（捻/10cm）
化纤混纺纱	≤25	4.5~6.8	≤1.2	−0.5~1.5	以设计捻度为标准

6. 细纱

参照纯棉纱，但纺化纤时，牵伸倍数可偏上限选取。

四、细纱性能测试

测定细纱的各项质量指标，包括细纱线密度、捻度、强力、毛羽、条干不匀率等。具体测试标准和测试方法详见第五章。最后对照相关标准评定细纱质量，从理论上分析改善细纱质量的措施。

五、实验报告

待试纺完成后，撰写实验报告，根据试纺纱线效果，从理论上分析改善细纱质量的措施。

第三节　环锭纺竹节纱试纺

一、实验目的

（1）了解环锭纺竹节纱的结构特点及应用。

（2）能够正确制订各道工序上机工艺参数，并进行上机调试。

（3）能够测定环锭纺竹节纱的平均线密度、单纱强力、单纱强力CV值、断裂伸长率、百米重量变异系数、黑板条干、细纱捻度及捻度CV值等基本性能。

二、基础知识

竹节纱是指在普通单纱的长度方向上出现不同于基纱粗度的粗节，这些粗节看上去很像竹子的节结，故称竹节纱。其中，所产生的粗节称为竹节，两粗节之间的这段纱线称为基纱。竹节纱由竹节和基纱两部分组成，其基本参数有竹节长度、竹节粗度、竹节间距和基纱线密度。竹节纱示意图如图4-1所示。

竹节纱是一种常见的花式纱线，具有"节长、节距、节粗"三要素，根据这三要素的不同配置细纱工艺。细纱工艺配置会直接影响细纱生产和成纱质量，进而影响织机生产效率和布面缝合。因此，合理的细纱工艺以及选用具有智能型竹节纱装置，是纺好竹节纱的生产关键。环锭纺竹节纱结构独特、品种多样，在时装、休闲运动装、手套、围巾、袜子、窗帘、沙发罩、床上用品及汽车内饰等领域应用广泛，与此同时，消费者对竹节纱的质量和风格等方面的要求越来越高。其中，质量包括毛羽、条干、光洁、强度等；

风格包括原料、结构及布面效果等。竹节纱的纺制是通过中后罗拉发生瞬间的超喂来实现的。

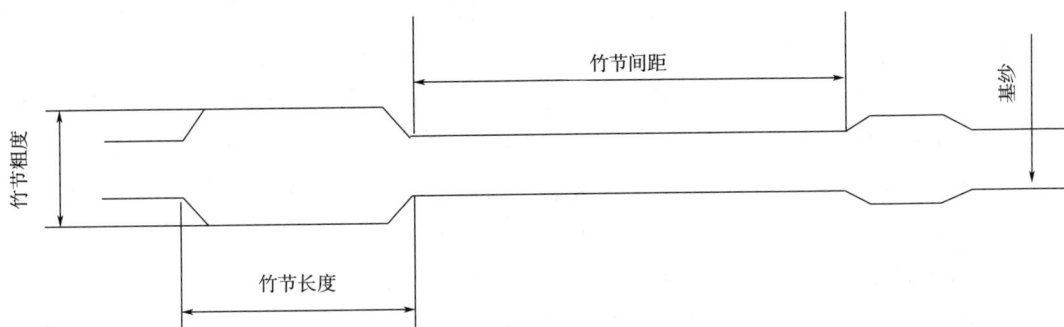

图4-1　竹节纱示意图

三、实验原料与设备

1. 实验原料

纯棉粗纱。

2. 试纺机器

细纱机。

3. 测试仪器

滚筒测长器、天平、缕纱测长仪、细纱捻度仪、条干仪、单纱强力机、纱线毛羽测试仪等。

四、纺纱工艺设计与试纺

1. 竹节纱的工艺设计

竹节纱的工艺设计要注意三个关键指标，即节长、节距、节粗。不同的指标设置，可体现竹节纱面料多样的凹凸形态，在成衣上增添意想不到的效果。

（1）牵伸倍数。细纱工艺中，适当放大后区牵伸倍数，适当降低牵伸张力，减少牵伸张力的波动，保证牵伸顺畅，有利于减少细纱出现硬头的现象。

（2）传动比。传动比是指伺服电动机转速与细纱后罗拉转速之比。传动比一般大于15，且略大于牵伸倍数，以保证足够的传动力矩。纺基纱时，伺服电动机的速度大于100r/min。伺服电动机的最高速度，即纺竹节部分的速度小于1800r/min。

（3）捻度。竹节纱捻系数一般比正常纱高10%~30%，一般设定在330~380之间，针织用竹节纱的捻系数比机织用偏小，竹节节长、节粗的捻系数可偏大一些。设计捻度是平均捻度与加捻效率的比值。

（4）钢丝圈的选择。由于竹节纱的竹节参数变化较大，基纱线密度与粗节线密度差异较大，为减少气圈张力大小的波动并保证竹节部分通过顺畅，通常选用通道宽敞、重心低的钢丝圈，钢丝圈截面形状以高弓形为宜。钢丝圈重量在基纱线密度与平均线密度之间选取。

（5）细纱车速。纺制竹节粗度小、间距长的品种时，可与正常纱使用相同的锭速；纺制竹节粗度大、间距短的品种时，为稳定气圈及张力、减少断头，应适当降低锭速。加之竹节纱捻度比正常纱偏大，所以，其细纱前罗拉转速一般比正常纱低10%~30%。

（6）节形参数的确定。节形参数是调节两端上升和下降曲线形状的，它可以改变竹节的形态风格。数值越小，基值向竹节过渡越平滑，反之则越陡。过渡平滑有利于捻度向竹节传递，成纱强力高，可以减少织造断头。因此，当纺短竹节时，节形参数可调小一点；当纺竹节粗度较大时，节形参数可调小一点，反之亦然。

2. 竹节纱工艺参数设置示例

竹节纱工艺参数示例（表4-9）列出了三种不同规格及不同混纺比的羊毛混纺竹节纱。第一种是用100% 18.5 μm美丽诺羊毛生产33.3tex（30公支）竹节纱；第二种是用50% 19.5 μm丝光美丽诺羊毛与50%棉生产20.8tex（48公支）竹节纱；第三种是用90% 17.5 μm巴素兰美丽诺羊毛与10%羊绒生产38.5tex（26公支）竹节纱。

表4-9 竹节纱工艺参数示例

工艺项目			
工艺编号	1#	2#	3#
实纺线密度［tex（公支）］	33.3（30）	20.8（48）	38.5（26）
基纱线密度［tex（公支）］	30.3（33）	18.5（54）	29.4（34）
参数设置			
节粗（倍）	1.5	1.7	2.5
节长（mm）	45±0.33	45±0.20	130±0.10
	30~60	40~60	120~140
节距（mm）	150±0.33	200±0.50	500±0.10
	100~200	100~300	400~600
牵伸倍数（倍）	21	22.7	25
传动比i	45.3	45.3	45.3
节长修正（%）	100	100	100
节距修正（%）	100	100	100
微调	0.67	0.67	0.67
单捻（捻/m）	700	960	690
股捻（捻/m）	350	460	310

3. 竹节纱试纺

（1）规律竹节纱试纺。按照设定的节长、节距、节粗及竹节组数，生产有规律性的竹节纱。

（2）随机竹节纱试纺。以设定的36组竹节参数为周期循环，每组竹节的节长和节距在设定范围内随机生成，可有效解决布面出现有规律条纹和"开天窗"的问题。

4. 竹节纱质量的检测与控制

竹节纱的质量控制通常以满足客户的最终要求为目的，从成纱的实物质量和物理指标两个方面来控制与稳定竹节纱的质量水平。纺纱厂厂商通常以织造时的布面风格、布面克重及织造时断头情况来衡量竹节纱的质量好坏，这是客户认可竹节纱质量的最基本要求。

在实际检测过程中，竹节纱质量指标通常参照普通纱的质量检测体系，对批量生产的竹节纱进行成纱质量指标检测。指标主要包括竹节纱的平均线密度、单纱强力、单纱强力CV值、断裂伸长率、百米重量变异系数、黑板条干、细纱捻度及捻度CV值等的检测。

五、细纱性能测试

测定细纱的各项质量指标，包括竹节纱的平均线密度、单纱强力、单纱强力CV值、断裂伸长率、百米重量变异系数、黑板条干、细纱捻度及捻度CV值等。具体测试标准和测试方法详见第五章。最后对照相关标准评定细纱质量，从理论上分析改善细纱质量的措施。

六、实验报告

待试纺完成后，撰写实验报告，根据试纺纱线效果，从理论上分析改善细纱质量的措施。

第四节　段彩纱试纺

一、实验目的

（1）了解段彩纱的结构特点及应用。

（2）能够正确制订各道工序上机工艺参数，并进行上机调试。

（3）能够测定段彩纱的线密度、捻度、强力、毛羽、条干均匀度等基本性能。

二、基础知识

段彩纱是指在原环锭细纱机上加装段彩纱装置后，间隔喂入不同色彩的纤维，并与原纱条干组成同一整体的纱线。其工艺通常是通过两台伺服电动机分别传动细纱机的中、后罗拉。国内的段彩纱主要是把色纺纱的层次感和立体感扩大化，是一种不仅有粗细变化，而且还有色彩分布变化的花式纱线。它是通过对环锭细纱机的改造来实现的。其方法是将粗纱架容量扩大一倍，使其能同时纺主色和辅色两种粗纱，将主色纱从中喇叭口喂入细纱机，辅色粗纱从后喇叭口喂入细纱机，且辅色粗纱定量低于主色粗纱定量。通过后罗拉随机或有规律地间歇喂入辅色粗纱造成不匀，生产出不仅有粗细的变化，而且在色彩上呈现长短不一效果的色纺段彩纱。段彩纱采用的原料极为广泛，只要是能加工成纱线的原料，均可作为段彩纱的原料，包括棉、麻、丝、毛、化学纤维等。段彩纱生产的设备，早期只是在普通棉纺细纱机上改造并加装段彩纱装置而成。现在，该技术已经在毛纺细纱机和棉纺粗纱机上推广应用。

段彩纱风格千变万化，颜色有深有浅，有华丽多彩、朴素典雅等风格。段彩纱长短粗细变化不一，有短段彩纱，也有飘逸的长段彩纱。

三、实验原料与设备

1. 实验原料

不同颜色的生条、熟条、粗纱条。

2. 试纺机器

并条机、粗纱机、细纱机。

3. 测试仪器

滚筒测长器、天平、缕纱测长仪、细纱捻度仪、条干仪、单纱强力机、纱线毛羽测试仪等。

四、纺纱工艺设计与试纺

1. 段彩纱纺纱工艺

（1）粗纱条喂入形式。段彩纱是由两根不同色彩的粗纱条分别喂入中罗拉和后罗拉，存在主纱、辅纱之分。供应段彩的粗纱条称为辅纱，从后罗拉喂入；供应基纱的粗纱条称为主纱，从中罗拉喂入。工艺需确定辅纱是从主纱的左侧喂入，还是从主纱的右侧喂入。因为不同的喂入位置会产生不同的风格。

（2）"错位"接头。接头时，为了不让断续的段彩纤维被吸棉笛管吸走，并顺利与主纱须条一起加捻成细纱，需要"错位"接头。

（3）喇叭口的选择。主辅粗纱条喂入喇叭口并非所有导纱喇叭口都能适用。不同形式的喇叭口所产生的段彩纱，其风格也存在差异。目前喇叭口有三种选用原则：①中、后区喇叭口，均采用原后区的单眼喇叭口；②后区喇叭口采用原单眼式，而中区喇叭口选用双眼式；③中区喇叭口——单眼连体式喇叭口，放置在粗纱条通道上方，安装在摇架上。

（4）粗度参数设置。如果需要加工段彩粗度2倍以上的品种，只有加大段彩粗纱的定量。例如，段彩粗度为3倍时，基纱的粗纱定量 G_1 为1，段彩粗纱定量 G_2 则为2，因此 $G_1+G_2=3$。此时，中、后罗拉的线速度是相等的。但在参数设置时不能设置为3。应该设置为2，表示中、后罗拉的线速度相等。如果设置为3，表示后罗拉线速度要比中罗拉快1倍。这样，不仅造成中罗拉进口处积纱，同时会出现"拖尾"现象。

（5）色彩搭配。段彩纱既时尚又有立体感。纺好段彩纱，首先要考虑色彩的搭配，这是影响段彩纱风格的关键因素之一。不同色彩搭配在一起，效果并不一样。多种颜色混在一起，效果不会很明显，色彩不会鲜艳；两种浅色搭配在一起，产生的对比效果差；如果将深、浅两种颜色搭配在一起，效果就十分明显，浅色更浅，深色更深。段彩纱的色彩搭配，既要考虑到用途，又要考虑文化背景。因此，无论在盘混还是在并条上混，均需要考虑开发段彩纱的应用范围。色彩混合有加法混合、减法混合和中性混合三种。其中，加法混合是增加色光的效果；减法混合是指色料的混合；而中性混合是基于人的视觉生理特征所产生的视觉色彩混合，而并不改变色光或者发光材料本身。和谐的色彩搭配方法，有相近色、同色、对比色、互补色、多色混合等，每个色彩都有独特的寓意。和谐的色彩搭配让人觉得舒适、愉快，体现出一种秩序感、平衡感，还可以充分表达个性风格。因此，掌握混色基本知识，对纺好段彩纱有重要作用。

（6）段彩长度的变化。段彩的长短、粗细规律变化，对风格的影响也起着关键作用。利用盘混、并混后的粗纱在细纱机上加装多功能伺服花式纱装置，就可以纺不同组合颜色、粗细各异、不同段彩风格的复合纱。工艺可以采用两种颜色组合变化的段彩纱，也可纺两种以上颜色的段彩，关键在于色彩的前道组合。

2. 段彩纱试纺

（1）参数设置。参照纯纺普通纱工艺。

（2）试纺。按照设定的参数进行试纺。

五、细纱性能测试

测定细纱的各项质量指标，包括段彩纱的线密度、单纱强力、单纱强力 CV 值、断裂伸长率、百米重量变异系数、黑板条干、细纱捻度及捻度 CV 值等。具体测试标准和测试方法详见第五章。最后对照相关标准评定细纱质量，从理论上分析改善细纱质量的措施。

六、实验报告

待试纺完成后，撰写实验报告，根据试纺纱线效果，从理论上分析改善细纱质量的措施。

第五节　变支变捻纱试纺

一、实验目的

（1）了解变支变捻纱的结构特点及应用。

（2）能够正确制订各道工序上机工艺参数，并进行上机调试。

（3）能够测定变支变捻纱的平均线密度、平均捻度、强力、毛羽、条干均匀度等基本性能。

二、基础知识

变支变捻环锭纱是随着竹节纱的强力问题的出现逐渐发展起来的。人们一直在探索提高竹节纱强力、增加竹节捻度的方法，从试验到机械装置方面做了大量的研究工作。变支变捻纱是在保持锭速不变的情况下，通过改变前罗拉速度来改变纱线捻度，同时按照一定的比例改变中后罗拉速度，使纱线线密度也发生变化的一种纱线。纱线较粗处的捻度稍大于同线密度普通纱的捻度，基纱部分的捻度则稍小于同线密度普通纱的捻度，从而实现同一根纱线中基纱部分和竹节部分的捻度合理化。

三、实验原料与设备

1. 实验原料
粗纱。

2. 试纺机器
细纱机。

3. 测试仪器
滚筒测长器、天平、缕纱测长仪、细纱捻度仪、条干仪、单纱强力机、纱线毛羽测试仪等。

四、纺纱工艺设计与试纺

1. 变支变捻纱试纺工艺参数设置

在系统主菜单界面中点击"工艺设置"，出现如图4-2所示的纺纱模式界面。点击纺纱模式界面中的"变支变捻设定"，出现变支变捻工艺参数设置界面，如图4-3所示。

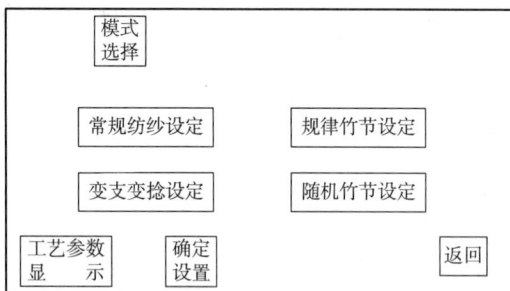

图4-2 纺纱模式界面

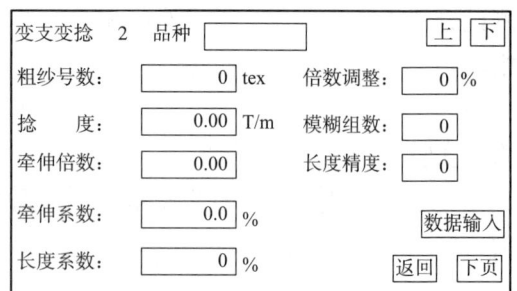

图4-3 变支变捻工艺参数设置界面

在图4-3界面中输入纺纱品种（根据需要可以自编品种代号）、粗纱号数等参数。在捻度输入时，考虑到捻回分布规律——基纱处的捻度一般大于设计捻度，竹节处的捻度一般小于设计捻度，因此在输入基纱捻度时，宜靠近下限取值，长度系数设为100%，以保证实际所纺纱线符合设计要求。为避免布面出现"开天窗"和"刮风"现象，模糊组数填"0"，此时纱线号数呈无规律循环。例如，长度精度选100mm，这样基纱的长度可以出现如下数据：1200mm、1300mm、1400mm、1500mm、1600mm、…、4000mm，粗节长度如下：1000mm、1100mm、1200mm、1300mm。牵伸倍数以基纱的牵伸为依据，另外再考虑牵伸效率的影响，输入计算机的牵伸倍数可增加一倍，通过试验再根据实测定量进行相应调整。牵伸系数选择100%。

图4-3界面输入完毕，点击下一页，出现如图4-4所示的捻度、粗度、长度设定界面。图中，"1"行以基纱作为基准，捻度设定为1.00（代表基纱实际捻度），粗度设定为1.00（代表基纱实际号数），长度设定为基纱长度范围（例如1400~4000）。"2"行为竹节设置，其中捻度项设置为竹节捻度与基纱捻度比值，粗度为竹节号数与基纱号数比值，长度设置为实际竹节长度范围。

如果一种纱中有两种及以上竹节，可以一次设置"3"行、"4"行……所有参数设置完成后，返回确定设置。

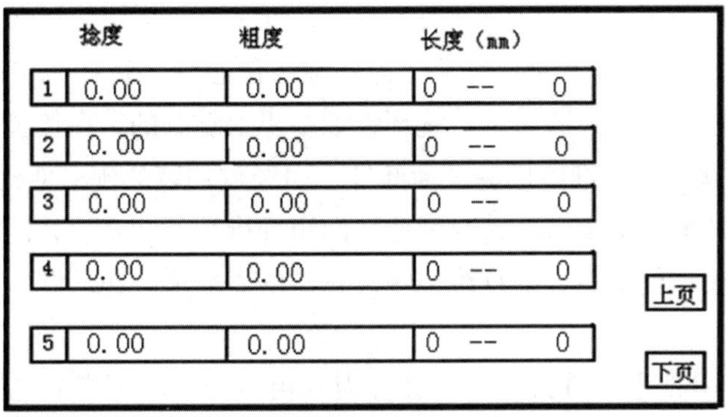

图4-4　捻度、粗度、长度设定界面

2. 试纺

按照设定的捻度、粗度、长度和基纱参数，进行变支变捻纱试纺。

五、细纱性能测试

测定细纱的各项质量指标，包括变支变捻纱的线密度、单纱强力、单纱强力CV值、断裂伸长率、百米重量变异系数、黑板条干、细纱捻度及捻度CV值等。具体测试标准和测试方法详见第五章。最后对照相关标准评定细纱质量，从理论上分析改善细纱质量的措施。

六、实验报告

待试纺完成后，撰写实验报告，根据试纺纱线效果，从理论上分析改善细纱质量的措施。

第六节　包芯纱试纺

一、实验目的

（1）了解包芯纱的结构特点及应用。

（2）能够正确制订各道工序上机工艺参数，并进行上机调试。

（3）能够测定包芯纱的线密度、捻度、强力、毛羽、条干均匀度等基本性能。

二、基础知识

包芯纱，最常使用的是天然纤维包覆长丝制成的复合纱。从广义上讲，包芯纱是由两种或多种纤维构成的具有皮芯结构的复合纱总称。随着复合纺纱技术的发展，复合纱的品种不断增多。为了便于区分，常用的、狭义上的包芯纱特指以长丝（如涤纶长丝、丙纶长丝、氨纶长丝等）为芯，短纤维（一般为天然纤维）为包覆层的复合纱。

根据包芯纱的生产方法不同，通常分为环锭纺包芯纱、转杯纺包芯纱和摩擦纺包芯纱等。环锭纺包芯纱是在经过改进的传统环锭细纱机上纺制的。在传统环锭细纱机上加装长丝喂入装置，长丝不经过细纱机的牵伸部件，而经过加装的预牵伸机构和"V"形槽导轮，自前钳口后方的集棉器处喂入，与牵伸后的短纤维须条相并合，同时经过集棉器及前罗拉，然后通过锭子回转加捻，短纤维包缠在长丝的表面形成包芯纱，从外观看来与普通纯纺纱没有多大区别。

环锭纺包芯纱根据生产方式不同，又分为双粗纱与长丝生产的包芯纱、单粗纱与长丝生产的包芯纱、单粗纱与分散开的长丝生产的包芯纱三类。其中，由单粗纱与长丝生产的包芯纱是最传统的环锭纺包芯纱。

三、实验原料与设备

1. 实验原料

涤纶长丝、棉纤维或棉粗纱。

2. 试纺机器

梳棉机、精梳机、并条机、粗纱机、细纱机等。

3. 测试仪器

滚筒测长器、天平、缕纱测长仪、细纱捻度仪、条干仪、单纱强力机、纱线毛羽仪测试等。

四、纺纱工艺设计与试纺

1. 包芯纱试纺工艺

以单粗纱与长丝生产的包芯纱为例，如图4-5所示，在普通环锭纺细纱机上，长丝通过导丝器、张力盘，经集合器直接进入前罗拉，与粗纱须条一起经前罗拉钳口输出。包覆纤维按照传统的纺纱方法，经喇叭口喂入牵伸区，经牵伸后在前罗拉与长丝汇合，经加捻复合成包芯纱。其中，在纺纱过程中，为得到包覆效果较好的包芯纱，长丝必须喂入粗纱须条的中间位置。一般来说，为达到良好的包覆效果，选用的芯纱越细越好，但是在纺纱时，纺纱断头率则会越高。

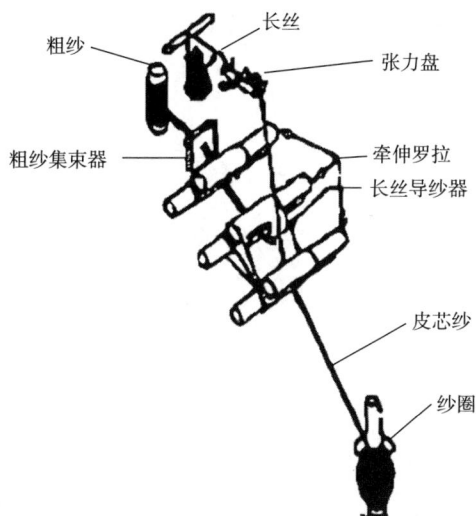

图4-5　包芯纱试纺工艺原理图

2. 环锭纺包芯纱试纺工艺参数示例——棉氨纶环锭包芯纱

锭速为11000r/min，长丝牵伸倍数为3.5倍，61tex（71dtex）包芯纱捻系数为340，39tex（77dtex）包芯纱捻系数为370。

五、细纱性能测试

测定细纱的各项质量指标，包括包芯纱的线密度、单纱强力、单纱强力CV值、断裂伸长率、百米重量变异系数、黑板条干、细纱捻度及捻度CV值等。具体测试标准和测试方法详见第五章。最后对照相关标准评定细纱质量，从理论上分析改善细纱质量的措施。

六、实验报告

待试纺完成后，撰写实验报告，根据试纺纱线效果，从理论上分析改善细纱质量的措施。

第五章 纱线结构与性能测试

第一节 纱线细度测试

纱线的细度指标有两类，即直接指标和间接指标。直接指标用纱线的直径来表示；间接指标是利用纱线的长度和重量之间的关系来间接表示。由于纱线是柔性体，截面并非圆形，在不同外力作用下可能呈椭圆形、跑道形、透镜形等形状。且纱线表面有毛羽，截面形状不规则，易变形，较难实际测量，故纱线的细度常用间接指标表示。纱线细度的间接指标有定长制（线密度和纤度）和定重制（公制支数、英制支数）两种。定长制是指一定长度纱线的重量，它的数值越大，表示纱线越粗。定重制指一定重量纱线的长度，它的数值越大，表示纱线越细。

我国规定细度的法定指标为线密度，纱线线密度对织物的品种、风格、用途和力学性能等有很大影响。线密度低的纱线其强力相对较低，织物较为轻薄，单位面积克重小，适用于春夏季轻薄型衣料；而线密度高的纱线其强力较高，织物厚实，单位面积克重也较大，故适用于秋冬季中厚型衣料。

一、实验目的

掌握纱线类别与纱线线密度的测试。要求认识常规纱线的外观特征，掌握纱线线密度的测试方法，并进行细度指标间的换算。

二、实验设备、用具与试样

设备、用具：YG086型缕纱测长仪，电子天平（灵敏度等于待测重量的千分之一），烘箱。

试样：各类纱线。

三、仪器结构原理

YG086型缕纱测长仪的结构如图5-1所示。在YG086型缕纱测长仪上可设定绕取圈数，每圈1m，预加张力可调。设备工作时，电动机带动纱框转动，按规定绕取一定长度的缕纱，将绕取的缕纱在天平上称量，经过计算得到纱线的线密度。可参阅现行国家标准GB/T 4743—2009《纺织品　卷装纱　绞纱法线密度的测定》、GB/T 14343—2008《化学纤维　长丝线密度试验方法》。

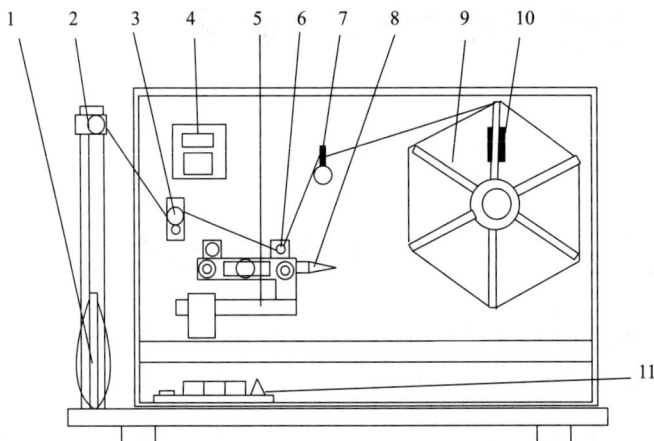

图5-1 YG086型缕纱测长仪的结构

1—纱锭杆 2—导纱钩 3—张力调整器 4—计数器 5—张力秤 6—张力检测棒

7—横动导纱钩 8—指针 9—纱框 10—手柄 11—控制面板

四、实验方法与操作步骤

1. 试样准备

（1）取样。从每个卷装样品中绕取20缕试验绞纱，绞纱长度L满足以下要求：①线密度小于12.5tex时，L为200m；②线密度介于12.5~100tex时，L为100m；③线密度大于100tex时，L为10m。

若按正常的使用方法，取样应从卷装的末端，否则应在卷装的外边抽取。为了避免受损的部分，要舍弃开头或末尾的几米纱。

（2）调湿根据GB/T 6529—2008规定将试验纱线进行预调湿和调湿。将样品放于温度20℃±2℃，相对湿度65%±3%的标准大气下24h。或连续间隔至少30min称重时，质量变化不大于0.1%。

2. 仪器调节

（1）检查张力秤的砝码在零位时指针是否对准面板上的刻线。

（2）接通电源，检查空车运转是否正常。

（3）确定张力秤上的摇纱张力。

$$摇纱张力 = \frac{1}{6} \times 同时摇纱根数 \times f_0$$

式中，f_0为摇纱张力参数，f_0选择见表5-1。

表5-1 摇纱张力参数f_0

纱线公称线密度（tex）	7~7.5	8~10	11~13	14~15	16~20	21~30	32~34	36~40
f_0（cN）	3.6	4.5	6	7.3	9	12.8	16.5	24

3. YG086 型缕纱测长仪操作流程

如图5-1所示，将纱管插在纱锭上，引入导纱钩，经张力调整器、张力检测棒、横动导纱钩，然后把纱线端头逐一扣在纱框夹纱片上（纱框应处在起始位置），注意将活动叶片拉起。将计数器定长拨盘拨至规定圈数，将调速旋钮调至200r/min，使纱框转速为200r/min。计数器电子显示清零。接通电源，按下"启动"按钮，纱框旋转到规定圈数后自停。在纱框卷绕缕纱时特别要注意张力秤上的指针是否指在面板刻线处，即卷绕时张力秤处于平衡状态。如不对，先调整张力调整器，使指针指在刻线处附近，少量的调整可通过改变纱框转速来达到。卷绕过程中，指针在刻线处上下少量波动是正常的。张力秤不处在平衡状态下摇出的缕纱要作废。将绕好的各缕纱头尾打结接好，接头长度不超过1cm。将纱框上的活动叶片向内档落下，逐一取下各缕纱后将其回复原位。重复上述动作，摇取第二批缕纱。操作完毕，切断电源。用天平逐缕称取缕纱质量（g），然后将全部缕纱在规定条件下用烘箱烘至恒定质量（即干燥质量）。若已知回潮率，可不进行烘燥。

五、指标计算

1. 纱线细度

目前，我国棉纱线、棉型化纤纱线和中长化纤纱线的线密度规定采用特克斯为单位。采用绞纱称重法来测定纱线的线密度：绞纱周长为1m，每缕100圈，每批纱线取样后摇30绞，烘干后称总重量，将总重量除以30，得到每绞纱的平均干量。根据式（5-1）可求得所测纱线的线密度，单位为特克斯（tex）。化纤长丝还用旦尼尔（旦）作为细度单位，采用绞纱称重法来测算长丝纱的细度，按照式（5-2）计算。在毛纺和绢纺生产中，习惯采用公制支数为细度指标。采用绞纱称重法来测算纱线的公制支数：绞纱周长为1m，每绞精梳毛纱为50圈，每绞粗梳毛纱为20圈，每批纱取样后摇20绞，烘干后称总重，求得每绞纱的平均干态质量后，按式（5-3）计算所测纱线的公制支数。习惯上，很多面料企业以英制支数作为细度指标，计算方式见式（5-4）。

$$Tt = \frac{G_0(1+W_K) \times 1000}{L} \qquad (5\text{-}1)$$

$$D = \frac{G_0(1+W_K) \times 9000}{L} = 9 \times Tt \qquad (5\text{-}2)$$

$$N_m = \frac{L}{G_0(1+W_K)} = \frac{1000}{Tt} \qquad (5\text{-}3)$$

$$N_e = \frac{C}{Tt} \qquad (5\text{-}4)$$

式中，Tt为纱线线密度；D为纱线纤度；N_m为纱线公制支数；N_e为纱线英制支数；G_0为烘干绞纱的质量；L为绞纱的长度；W_K为被试验纱线的公定回潮率；C为常数，纯化纤取590.5，纯棉纱取583。

2. 纱线线密度变异系数（即百米质量变异系数）

$$CV = \frac{1}{\bar{x}}\sqrt{\frac{\sum x^2 - \frac{\left(\sum x\right)^2}{n}}{n-1}} \times 100\% \tag{5-5}$$

式中，x为个体试样绞纱的质量；$\bar{x}$为x的平均数；n为试验绞纱数。

3. 纱线百米质量偏差

$$纱线百米质量偏差 = \frac{纱线实际线密度 - 纱线公称线密度}{纱线公称线密度} \times 100\% \tag{5-6}$$

4. 公定回潮率

若为混纺纱线，公定回潮率按混纺组分的纯纺纱线的公定回潮率（％）和混纺比例加权平均计算取得，取一位小数，以下四舍五入，其计算式如下：

$$W_K = \frac{\sum\limits_{i=1}^{n} P_i W_i}{100} \times 100\%$$

式中，W_K为混纺纱的公定回潮率（％）；W_i（$1<i<n$）为混纺各组分的纯纺纱线的公定回潮率（％）；P_i为混纺各组分的干燥重量比。

第二节　纱线捻度测试

捻度是指纱线沿轴向一定长度的捻回数，单位通常以每米的捻回数来表示（捻/m），有时也用（捻/cm）表示。纱线捻度会影响纱线甚至织物的一系列性能，包括强度、弹性、光泽、手感、透气性、耐磨性等，是一个重要参数。加捻对于短纤维是必要的工序，使其获得连续性以及一定的强力、弹性、光泽和手感等；对于长丝纱和股线，加捻是为了使纱线结构更紧密，增强其横向抗破坏能力。

一、实验目的

通过实验，熟悉Y331LN纱线捻度仪的结构，掌握其操作方法，判断单纱和股线的捻向并实测捻度，计算纱线的捻系数、捻度不匀率及股线的捻缩。了解捻度对纱线和织物的性能影响。

二、实验设备、用具与试样

设备、用具：Y331LN型纱线捻度仪、分析针、剪刀。
试样：单纱和股线各一种。

三、仪器结构原理

Y331LN型纱线捻度仪的结构如图5-2所示。一般股线捻度测定采用直接计数法，单纱测定采用退捻加捻法。可参阅现行国家标准GB/T 2543.1—2015《纺织品　纱线捻度的测定　第1部分：直接计数法》、GB/T 2543.2—2001《纺织品　纱线捻度的测定　第2部分：退捻加捻法》。

退捻加捻法是指试样进行退捻和反向再加捻，直到试样达到其初始长度。实际纱线捻回数即为计数器上的捻回数的一半。短纤维纱适用退捻加捻法。

直接计数法是指在规定张力下，夹住一定长度纱线的两端，旋转试样一端使其退捻，直到纱线内纤维和纱线轴向平行为止，从而得到捻回数，退去的捻度即为试样在该长度内的捻回数。一般股线纱适用直接计数法。

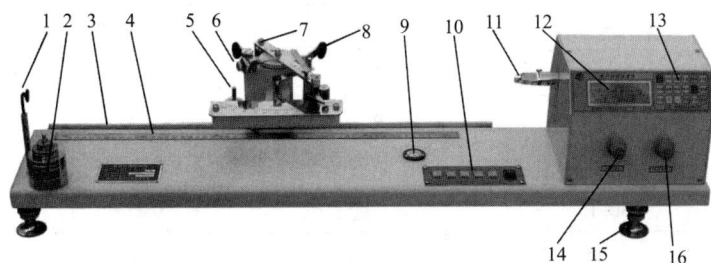

图5-2　Y331LN型纱线捻度仪的结构

1—导纱钩　2—备用砝码　3—导轨　4—试验刻度尺　5—伸长标尺　6—张力砝码　7—张力导向轮
8—张力机构及左夹持器　9—水平指示　10—电源开关及常用按钮　11—右夹持器及割纱刀　12—显示器
13—键盘　14—调速钮Ⅰ　15—调平机脚　16—调速钮Ⅱ

四、实验方法与操作步骤

1. 试样准备

按规定的方法要求进行取样，并根据GB/T 6529《纺织品　调湿和试验用标准大气》规定的要求进行预调湿和调湿，时间不少于4h。

2. 捻向的确定

根据纤维在单纱上或单纱在股线上的倾斜方向不同，纱线分为S捻和Z捻两种，如图5-3所示。鉴别的方法为握持纱线一端，并使其一小段悬挂（至少100mm），观察悬垂部分纱线的倾斜方向，与字母S中间部分一致的为S捻，与Z中间部分一致的为Z捻。

3. 仪器调整

调节捻度仪主体水平，调整左、右纱夹间的距离和预加张力。按测速键，再按复位键进入复位状态，在复位状态下设置试验参数。在复位状态下按测速键，右夹持器转动，显示当前转速。调节转速旋钮可改变转速（棉纱线、长丝转速

图5-3　S捻和Z捻示意图

为1500r/min左右；毛、麻纱线转速为750r/min左右）。按复位键返回初始状态。

4. 操作步骤

（1）单纱退捻加捻法试验。将试样插入纱架，调节其倾斜度，在确保捻度不变的情况下，使纱线顺利经导纱钩引出。将试样一端夹入移动夹钳内，弃去试样始端数米。剪断右纱夹外露的纱头，使之长度短于1cm。将显示器显示数字清零。开机按键后，开始退捻并反向加捻，当弧形指针回零自停后，记下显示数。此时显示数为实际捻回数的2倍。按规定次数重复测试，各试样之间应有1m以上的间隔。各类单纱捻度测定的主要参数见表5-2。

表5-2　各类单纱捻度测定的主要参数

类别	捻系数α	试样长度（mm）	预加张力（cN/tex）	试验次数
棉纱	—	10或25	0.5 ± 0.1	50
粗梳毛纱	—	25或50	0.5 ± 0.1	50
韧皮纤维	—	100及250	0.5 ± 0.1	50
精梳毛纱	<80	25或50	0.1 ± 0.02	50
	80~150	25或50	0.25 ± 0.05	50
	>150	25或50	0.5 ± 0.05	50

（2）股线直接计数法。将试样插入纱架，试样在不受外界影响下引出导纱钩。将试样一端夹入移动夹钳内，弃去试样始端数米。剪断右纱夹外露的纱头，使之长度短于1cm。将显示器显示数字为零。按开机按键，开始反向解捻，直至股线内单纱全部分开为止。记录捻回数。按规定次数重复测试，各试样之间应有1m以上的距离。各类股线和缆绳捻度测定的技术条件见表5-3。

表5-3　各类股线和缆绳捻度测定的技术条件

类别	捻度（捻/m）	试样长度（mm）	预加张力（cN/tex）	试验次数
复丝	<40	250	0.5	20
	40~100	250及500	0.5	20
	>100	250及500	0.5	20
股线或缆线	所有捻度	250	0.5	20

五、实验结果

棉纱及棉型纱线采用线密度制捻度T_t，即10cm长度内的捻回数；精梳毛纱及化纤长丝采用公制支数制捻度T_m，即1m长度内的捻回数。

（1）线密度制实际捻度T_t。

$$T_t = \frac{\text{试样捻回数总和}}{\text{试样夹持长度（mm）} \times n} \times 100（捻/10cm）$$

（2）公制支数制实际捻度T_m。

$$T_m = \frac{\text{试样捻回数总和}}{\text{试样夹持长度（mm）} \times n} \times 1000（\text{捻/m}）$$

（3）线密度制捻系数α_{tex}。

$$\alpha_{tex} = T_t \times \sqrt{Tt}$$

（4）公制支数制捻系数α_m。

$$\alpha_m = T_m / \sqrt{N_m}$$

（5）捻度偏差率。

$$\text{捻度偏差率} = \frac{\text{实际捻度} - \text{设计捻度}}{\text{设计捻度}} \times 100\%$$

（6）捻度不匀率H。

$$H = \frac{2 \times n_1(\overline{X} - \overline{X}_1)}{n \times \overline{X}} \times 100\%$$

式中，$\overline{X}$为平均捻度；$\overline{X}_1$为平均捻度以下的平均数；n_1为平均数以下次数；n为实验总次数。

（7）捻缩μ。

$$\mu = \frac{L - L_0}{L_0} \times 100\%$$

式中，L为加捻后长度；L_0为加捻前长度。

注 计算结果精确到小数点后一位。

第三节 纱线毛羽测试

纱线毛羽是指伸出纱线主体的纤维端或纤维圈，包括端毛羽、圈毛羽、浮游毛羽、假圈毛羽。毛羽在纱线性质中是比较重要的指标。毛羽的性状（长短、形态）分布受到纤维特性、纺纱方法、纺纱工艺参数、捻度、纱线的线密度等因素影响。毛羽的状态视具体用途而定，对于需要表面光洁、手感滑爽、色彩鲜明的织物，纱线毛羽应尽可能短且少；而对于厚重织物、起毛保暖织物，则要求毛羽多且长。纱线的毛羽有时会增加后道织造加工的难度。

一、实验目的

熟悉纱线毛羽仪的结构和原理，掌握纱线毛羽仪的操作。通过毛羽测量，了解测试方法，以及试验结果计算与分析。

二、实验设备与试样

设备：YG171B-2型纱线毛羽测试仪。

试样：单纱和股线各一种。

三、仪器结构原理

YG171B-2型纱线毛羽测试仪的结构如图5-4所示。其原理是根据投影计数，利用光电原理，当纱线连续通过检测区时，凡是超过设定长度的毛羽会遮挡光线，使光敏元件产生信号并计数，得到纱线单侧的单位长度内的毛羽数，称为毛羽指数。投影是一个平面成像，所以只记录一个侧面的毛羽数，但该数值与总毛羽数成正比。

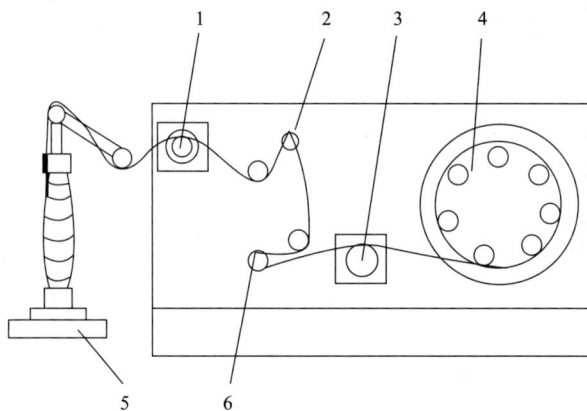

图5-4　YG171B-2型纱线毛羽测试仪的结构

1—前张力器　2—倒纱轮　3—后张力器　4—绕纱盘　5—纱管架　6—测长轮

四、实验方法与操作步骤

毛羽的检测一般可以分为两大类：投影计数法和漫反射法。目前主要采用前者。可参考FZ/T 01086—2020《纺织品　纱线毛羽测定方法　投影计数法》。

1. 试样准备

（1）取样。从样品中随机抽取，应选取未受损伤、擦毛或被污染的样品，每卷装至少测10次。

（2）根据GB/T 6529《纺织品　调湿和试验用标准大气》规定将试验纱线进行预调湿和调湿，放于20℃±2℃，相对湿度65%±3%的标准大气下24h。或连续间隔至少30min称重时，质量变化不大于0.1%。

2. 仪器调节

接通主机及打印机电源，仪器进入待机状态，预热20min。在待机状态下进行试验参数设置（表5-4），包括片段长度、测试速度、试验次数、纱线品种、打印设置及其他设置。

表5-4　试验参数设置

纱线种类	毛羽设定长度（mm）	纱线片段长度（mm）	测量速度（m/min）
棉纱线及棉型纱线	2	10	30
毛纱线及毛型纱线	3	10	30
中长纤维纱线	2	10	30
绢纺纱线	2	10	30
苎麻纱线	4	10	30
亚麻纱线	2	10	30

3. 实验步骤

舍弃1m纱端，以正确的方式在设备上引纱，调整张力使纱线的抖动尽可能小（一般毛纱线张力为0.25cN/tex ± 0.025cN/tex，其余为0.5cN/tex ± 0.1cN/tex），进行测试直至仪器自停，记录数据和结果。

五、指标计算

通常评价纱线毛羽的指标有以下四种。

（1）毛羽指数η。指单位长度纱线的单侧伸出长度超过某设定值的毛羽累计数（根/m）。

（2）毛羽长度。纤维端或纤维圈伸出纱线基本表面的长度。

（3）毛羽量。纱线上一定长度内毛羽的总量。

（4）毛羽指数的变异系数CV。

$$CV = \frac{1}{\bar{x}}\sqrt{\frac{\sum x^2 - \dfrac{\left(\sum x\right)^2}{n}}{n-1}} \times 100\%$$

式中，x为个体试样绞纱的毛羽指数；$\bar{x}$为x的平均数；n为试验数。

将试验结果保留三位有效数字，根据测试结果，对纱线进行评级。

第四节　纱线条干均匀度测试

纱线条干均匀度又称为纱线细度均匀度，是纱线品质（包括粗纱、细纱和条子）的重要指标之一。它是指沿纱线长度方向各个截面面积或直径粗细不匀的情况，可能是纱线中纤维随机分布产生的不匀，或者生产加工过程中机械作用产生的不匀。

一、实验目的

掌握纱线条干测试仪的原理与操作，了解棉、毛、化学纤维等短纤维纯纺和混纺的粗纱条、细纱的均匀度测试，熟悉纱线条干均匀度的分析和评价。

二、实验设备与试样

设备：YG133B纱线条干均匀度测试仪。

试样：几种管纱。

三、仪器结构原理

测量纱线细度不匀的方法包括片段长度称重法、黑板条干对比法、电容法和光电法。目前广泛使用的是电容法。参考采用标准：GB/T 3292.1—2008《纺织品　纱线条干不匀试验方法　第1部分：电容法》、ASTM D1425/ D1425M—2009《用电容测试设备测定纱线条干不匀度的标准试验方法》。电容法检测纱线不匀率主要利用平行极板间的空气电容器在纱线通过的时候产生电容值的变化，从而转化成信号，经过计算机处理得到纱线细度不匀率、纱疵数、波谱图及曲线图等。YG133B纱线条干均匀度测试仪的结构如图5-5所示。

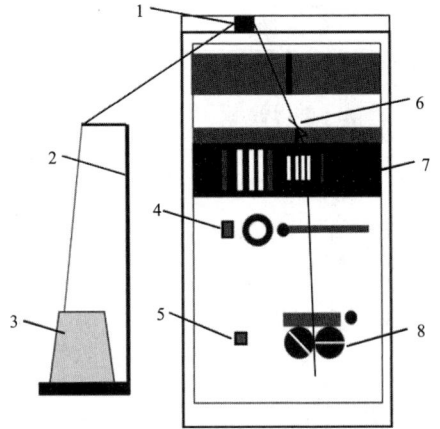

图5-5　YG133B纱线条干均匀度测试仪的结构

1—导纱器　2—纱锭杆　3—管纱
4—电源开关　5—胶辊脱开按钮　6—张力器
7—细纱、粗纱、粗条测试槽　8—胶辊罗拉

四、实验方法与操作步骤

1.试样准备

（1）取样。随机抽取试样，每组试样至少10个。试样准备参数设置见表5-5，取样长度至少大于表5-5中设置长度。

表5-5　试样准备参数设置

试样类型	长度（m）	不匀曲线量程	退绕速度（m/min）
条子	50	±25%	25
粗纱	100	±50%	50
短纤维纱	400	±100%	400
长丝纱	400	±10%或12.5%	400

（2）根据GB/T 6529—2008《纺织品　调湿和试验用标准大气》规定将试验纱线进行预调湿和调湿，放于温度20℃±2℃，相对湿度65%±3%的标准大气下24h。或连续间隔至少30min称重时，质量变化不大于0.1%。

2.仪器调节与设置

（1）打开电源开关，仪器预热20min。

（2）输入样品信息如线密度、试样类型等。试样测试参数设置见表5-6，同时设置测试槽和检测量程值。

表5-6 试样测试参数设置

试样	测试速度（m/min）	测试时间（min）	测试槽	量程（%）
细纱	400	1	5槽、4槽	100%、50%
细纱	200	1，2.5	5槽、4槽	100%、50%
细纱	100	2.5	5槽、4槽	100%、50%
细纱/粗纱	50	5	3槽	50%
细纱/粗纱	25	5，10	3槽	50%
粗纱/条子	8	5，10	3槽	50%
条子	4	5，10	2槽、1槽	50%、25%、12.5%

3. 实验步骤

设定所有的测试参数后，可以对选定的纱样进行测试。首先进行无料调零，然后按照测试槽纱号范围（表5-7）选择合适的测试槽，将纱线从纱架上牵出，依次经过导纱器、张力器到测试区，最后到胶辊罗拉。最后，松开开关，使罗拉闭合直至测试停止，计算和处理测试指标。

表5-7 测试槽纱号范围

项目	1#	2#	3#	4#	5#
g/m	80~12.1	12.0~3.301	3.30~0.167	—	—
Grains/yd	1136~170.4	170.3~46.9	46.53~2.256	—	—
Nm	—	0.302	0.303~6.24	6.25~47.5	47.6~250
Nec	0.048	0.049~0.178	0.179~3.68	28.0~3.69	147.6~28.1
Nem	0.011~0.073	0.074~0.267	0.268~5.53	5.54~42.1	42.2~221
tex	—	3301	3300~160.1	160.0~21.1	21.0~4.0

五、实验结果

纱条条干不匀的测试结果有以下几项指标：$CV（U）$值、千米纱疵数、不匀曲线图、波谱图、平均值系数AF值、偏差率DR值、变异长度曲线图等。千米纱疵数保留整数，其余保留两位小数。

第五节 纱线单纱强度、伸长率测试

目前，我国毛纱线及毛型化纤纱线采用单纱强力的断裂长度表示纱线的强度。棉纺厂、织布厂为了考核经纱上浆的效果，以降低布机断头率、提高产品品质，也经常测定经纱的单纱强力和断裂伸长率。此外，化纤长丝的强力和断裂伸长率也在单纱强力试验机上测定。

随着纺织测试仪器自动化程度的提高，全自动单纱强力试验机将逐渐取代普通单纱强力机。棉纱线及棉型化纤纱线也将逐渐采用单纱强力和断裂长度来表示纱线的强度。本试验采用的USTER单纱强力试验机，属于等速牵引强力试验机。

一、实验目的

熟悉YG023A型全自动单纱强力机测定单根纱线的断裂强力和断裂伸长率的操作。通过试验，掌握单纱强力机的结构和操作方法。参考国家标准GB/T 3916—2013《纺织品　卷装纱　单根纱线断裂强力和断裂伸长率的测定（CRE法）》。

二、仪器用具与试样

仪器用具：实验仪器为YG023A型全自动单纱强力机。

试样：不同品种的纱线。

三、仪器结构原理

YG023A型全自动单纱强力机的结构如图5-6所示。该强力机采用测力传感器，将试样所受力转变成信号，经放大得到与受力大小成正比的信号，显示负荷值与断裂强力。试样被拉伸后形成的变形量通过计数电路显示为试样的变形量和断裂伸长。

四、实验方法与操作步骤

1. 试样准备

按规定的方法要求进行取样，单种纱线应测试100根，并根据GB/T 6529《纺织品　调湿和试验用标准大气》规定的要求进行预调湿和调湿。

2. 仪器调整

测试前10min预热仪器，确定隔距和拉伸速率。隔距一般采用500mm，伸长率大的纱线选择250mm。若选择500mm隔距，则采用的拉伸速率为500mm/min，如果选择250mm隔距，则选择250mm/min拉伸速率。

选择预加张力，调湿试样为0.5cN/tex±0.10cN/tex，湿态试样为0.25cN/tex±0.05cN/tex，变形纱预加张力参考标准GB/T 3916—2013。

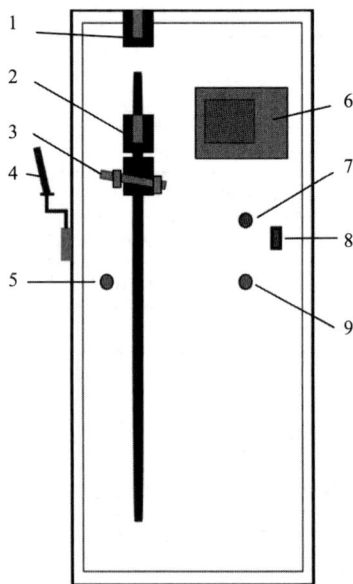

图5-6　YG023A型全自动单纱强力机的结构
1—上夹持器　2—下夹持器　3—张力调整器
4—纱锭杆　5—上夹持器夹紧按钮　6—控制面板
7—夹持器释放按钮　8—电源开关　9—拉伸开关

3. 操作步骤

将纱线经过导纱器进入上、下夹持器钳口后夹紧上夹持器，然后夹紧下夹持器，按拉伸开关进行测试，获得试验数据。

五、指标计算

经过测试可以获得单次的断裂强力和伸长率，根据下列公式进行计算和分析，获得平均断裂强力、平均断裂伸长率、断裂强力和伸长率的标准差（均方差）及变异系数。

$$平均断裂强力 = \frac{强力观测值总和}{实验总次数}(cN)$$

$$平均断裂伸长率 = \frac{伸长观测值总和（mm）}{试验次数 \times 名义隔距长度（mm）} \times 100\%$$

$$标准差 S = \sqrt{\frac{\sum \left(x - \bar{x}\right)^2}{n-1}}$$

$$变异系数 C = \frac{S}{\bar{x}} \times 100\%$$

式中：S为标准差；C为变异系数；n为试验次数；x为观测值；$\bar{x}$为全部观测值的平均值。

第六章　纱线试纺实验开放项目设计

第一节　校级大学生科技创新设计项目

为激励大学生的创新精神，提高大学生的自主创新能力，强化科研育人功能，进一步激发在校学生的科研创新热情，为大学生展示学术才华、科研水平和创新能力提供良好的平台，学校每年举办开展大学生科技创新计划项目，以营造良好的在校学生课外学术科技氛围。

（1）申报对象。学校正式注册的全日制非成人教育的在校本专科、研究生（原则上为非毕业班学生）。

（2）申报条件。

①校级学生科研课题可申报创新训练项目、创业训练项目和创业实践项目三类。创新训练项目：学生个人或团队在导师指导下，自主完成创新型研究项目设计、研究项目实施、研究报告撰写、成果（学术）交流等工作。创业训练项目：学生团队在导师指导下，完成商业计划书编制、可行性研究、企业模拟运行、创业报告撰写等工作。创业实践项目：学生团队在学校导师和企业导师共同指导下，基于前期创新创业训练项目的成果，开发具有市场前景的创新性产品或者服务，开展创业实践活动。

②项目要有创新性，要凸显专业特色，项目技术或方案可行性较高，具有一定的学术价值和应用价值。

③学生科研项目一般须组织学生科研团队开展研究，学生科研项目一般由3~5人组成，鼓励跨学院、跨专业组队，并确定1位同学作为课题负责人，组织协调课题的实施。

④项目负责人具有完成项目所需的组织管理及协调能力，原则上在课题立项后一年之内完成项目研究工作。

⑤毕业设计、课程设计、学位论文等不在申报范围之列。

⑥自然科学、社会科学和工程技术领域的创新性研究项目皆可申报。

（3）申报办法。

①课题立项采取负责人申请的方式，填写《×××年度学生科研项目立项申报书》。申请人所在学院对学生申报的课题进行论证、评审、择优推荐，排序后汇总上报校团委。

②学校将组织专家对全校学生申报课题进行评审，确定校重点资助项目名单，并给予一定的经费资助。

（4）中期检查及结题。学校将组织本年度的学生科研课题中期检查，学院组织专家对实施课题进行全面检查，学校将在各学院检查的基础上抽查课题进展情况。立项课题要求一年内结题。

学校重点资助项目原则上要有明显成果。学生公开发表论文需注明"××校大学生科研基金资助项目（项目编号***）"。

第二节　全国大学生纱线设计大赛项目

一、大赛简介

全国大学生纱线设计大赛是在中国纺织工业联合会指导下，由中国纺织服装教育学会主办，各个纺织高校轮流承办，知名纺织企业赞助的面向中国纺织高校的全国性专业赛事。

大赛旨在传承、发展和开创纱线产品的原创性、功能性与实用性，加强纺织专业院校、纺织生产企业、纺织品设计人员的交流、展示与合作，引导并激发纺织高校学生的学习和研究兴趣，培养学生创新精神和实践能力，发现和培养一批在纺织科技上有作为、有潜力的优秀人才。

二、大赛主题、参赛作品内容与格式要求

1. 大赛主题

近几届大赛主题介绍如下：

第十五届（2024年）：创意、时尚、自然、绿色

第十四届（2023年）：创新·自然·时尚

第十三届（2022年）：科技赋能，绿色时尚

第十届至第十二届（2019~2021年）：无主题

第九届（2018年）：小纱线 大创新

第八届（2017年）：融合与创新

第七届（2016年）：创新从纱线开始

2. 参赛作品内容

纱线必须由参赛学生本人设计和纺制，重点考察纺纱原料创新、功能创新、纺纱方法创新、纱线结构设计创新、纱线花式设计创新、纱线设计加工难度与市场应用价值等。作品以实物设计为主，鼓励新颖的创意设计。

3. 作品要求

（1）实物设计可提供管纱或筒纱若干支，但必须为成纱的原始卷装形式。同时附上"纱线设计说明与作品简介"（图6-1）的文字稿（格式要求：白色A4纸，正文小四号宋体，英文字体Times New Roman，1.5倍行距）。"纱线设计说明与作品简介"要说明作品的设计思路及创新点、原料选配、结构风格特征、纺纱工艺流程和工艺参数、主要用途等。

（2）为了更好地表现所设计纱线的应用效果及功能特性，建议用参赛设计的纱线织成机织面料或针织面料进行展示，对相应功能进行评价说明。所提供面料只为纱线评选服务，并注意以下事项。

序号：＿＿＿＿＿＿＿

编码：＿＿＿＿＿＿＿

第十五届全国大学生纱线设计大赛

纱线设计说明与作品简介

作品名称：＊＊＊＊＊＊＊＊＊＊＊＊＊＊＊＊＊＊＊

一、设计思路

二、创新点

三、原料选配

四、纺纱工艺流程和工艺参数

五、结构风格特征

六、主要用途

图6-1　"纱线设计说明与作品简介"模板

①面料必须由参赛学生本人设计和制作，包括织造、煮练、染色和定型等。

②制作的面料要留有布边、花形完整。机织和针织面料样品大小为150mm×150mm，针织面料也可以提供样衣（不作要求）。

（3）为了更直观地展示作品的特色，参赛作品除了提交"作品申报书"（图6-2）、"纱线设计说明与作品简介"外，另需提交"参赛作品评审简表"1份，模板参考"参赛作品评审简表"模板（图6-3），样板可参考"参赛作品评审简表"样板（图6-4）。

附件3

序号：＿＿＿＿＿

编码：＿＿＿＿＿

第十五届全国大学生纱线设计大赛

作品申报书

作品名称：＿＿＿＿＿＿＿＿＿

作者单位（签章）：＿＿＿＿＿＿

申报者姓名：＿＿＿＿＿＿＿

指导教师：＿＿＿＿＿＿＿

A.设计作品情况

说明：1. 必须由申报者本人填写；

2. 申报书作者单位签章视为对申报者所填内容的确认；

3. 本表必须附有设计说明与作品简介，并提供图书、曲线、试验数据、外观图（照片），也可附鉴定证书和应用证书；

4. 作品分类请按照作品设计思路或创新点所在类别填报。

作品全称	
作品设计的目的和基本思路、创新点、技术关键和主要技术指标	

作品的科学性、先进性、新颖性。（请提供相关分析说明和主要参考文献等资料）	
作品在何时、何地、何种机构举行的评审鉴定、评比、展示等活动中获奖及鉴定结果	
作品所处阶段	（　）A实验室阶段 B中试阶段 C生产阶段　D＿＿＿＿＿（自填）

图6-2

作品可展示的形式	□纱线实物 □机织面料 □针织面料
使用说明及该作品的技术特点和优势，提供该作品的适应范围及推广前景的相关说明	
专利申请情况	□提出专利申请 申请号：_____ 申请日期：　　年　月　日 □已获专利授权 授权号：_____ 授权日期：　　年　月　日 □未提出专利申请

B.当前国内外同类课题研究水平概述

说明：申报者可根据作品类别和情况填写（不超过500字）；填写此栏有助于评审。

C.面料样品（机织面料、针织面料）

说明：1.样品大小150mm×150mm；上单边粘贴，粘贴高度10mm。
2.若在评审简表里已有样品，此处如有多余样品可以附上，亦可附照片或者不附。

（粘贴区）

贴样品或附样品照片

图6-2 "作品申报书"模板

作品类别/加工方法：_____

技术原理：_____

主要工艺参数：_____

作品创新点：_____

应用领域：_____

专利技术：
专利号：_____ 专利名称：_____

布样粘贴区

布样种类及特点：_____

主要规格参数：_____

《参赛作品评审简表》

作品编号：_____　作品名称 _____

图6-3 "参赛作品评审简表"模板

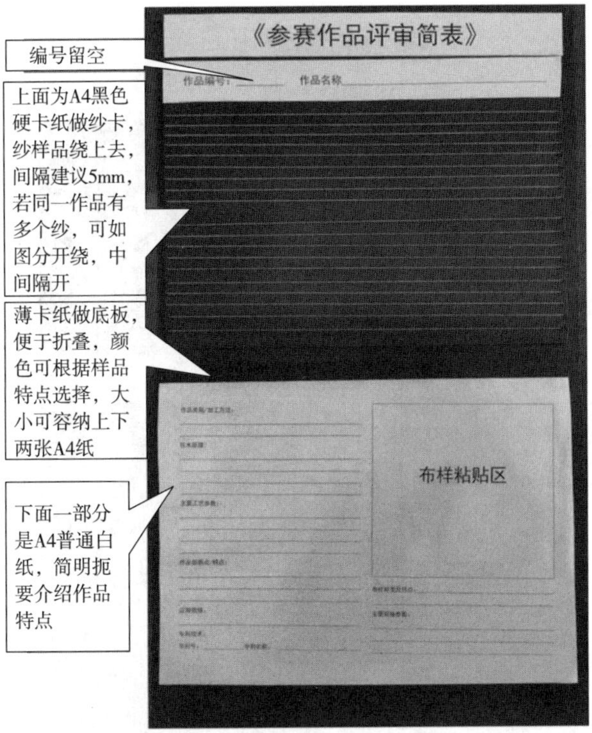

图6-4 "参赛作品评审简表"样板

三、全国大学生纱线设计大赛获奖作品赏析

获奖作品如图6-5~图6-8所示。

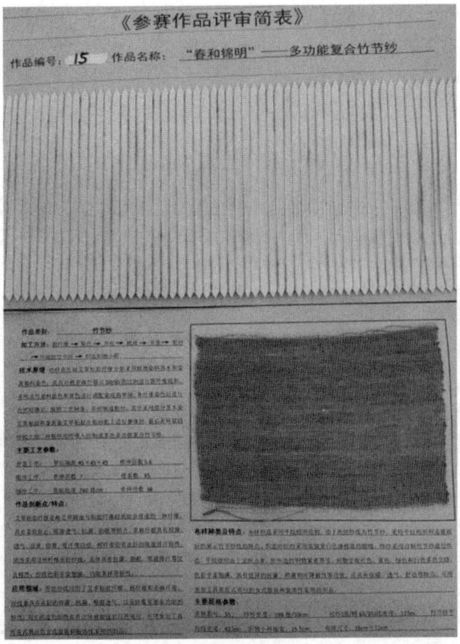

图6-5 获奖作品（一）

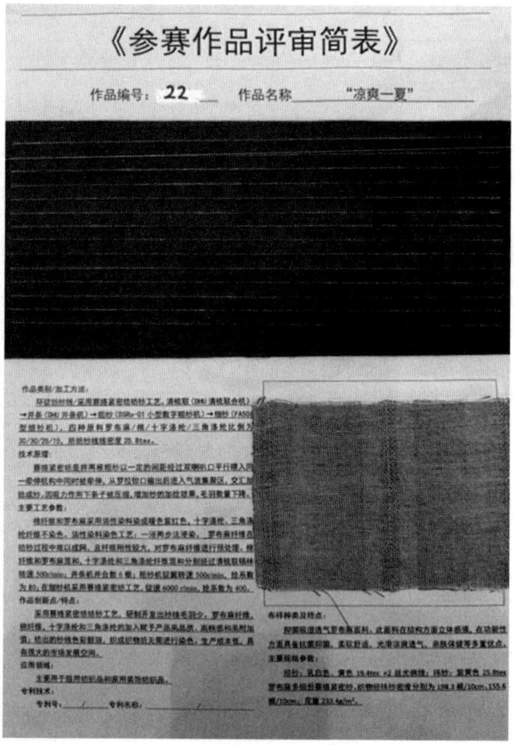

图6-6 获奖作品（二）

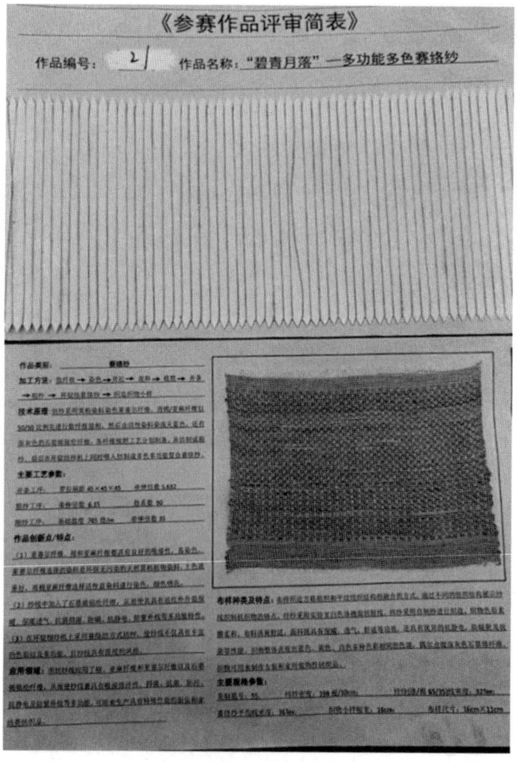

图6-7 获奖作品（三）

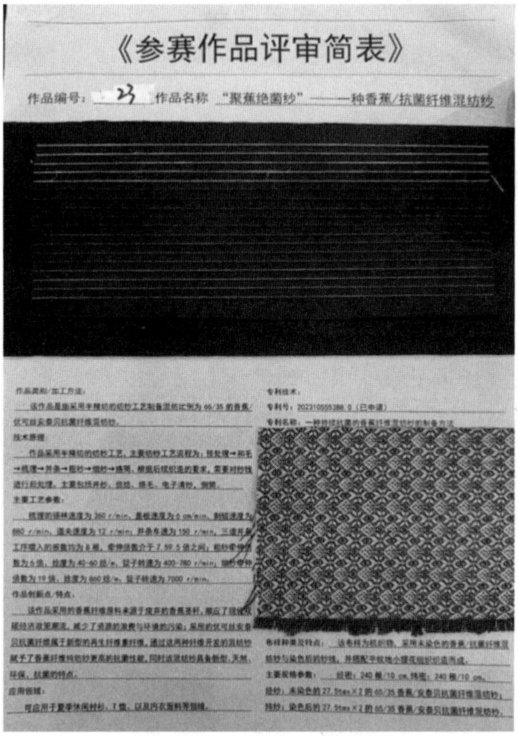

图6-8　获奖作品（四）

参考文献

［1］郁崇文.纺纱实验教程［M］.上海:东华大学出版社，2009.

［2］郁崇文.纺纱学［M］.4版.北京:中国纺织出版社有限公司，2023.

［3］邹专勇.纺纱新技术［M］.北京:中国纺织出版社有限公司，2020.

［4］郁崇文.纺纱工艺设计与质量控制［M］.2版.北京:中国纺织出版社，2011.

［5］常涛.纺纱产品质量控制［M］.北京:中国纺织出版社，2012.

［6］毛立民，裴泽光.纺纱机械［M］.2版.北京:中国纺织出版社，2012.

［7］张冶.纺纱工艺设计与实施［M］.上海:东华大学出版社，2011.

［8］魏雪梅.纺纱设备与工艺［M］.北京:中国纺织出版社，2009.

［9］谢春萍，王建坤，徐伯俊.纺纱工程:上册［M］.北京:中国纺织出版社，2012.

［10］谢春萍，傅佳佳.新型纺纱［M］.3版.北京:中国纺织出版社有限公司，2020.

［11］任家智.纺纱工艺学［M］.上海:东华大学出版社，2010.

［12］魏雪梅.纺纱设备与工艺［M］.北京:中国纺织出版社，2009.

［13］张喜昌.纺纱工艺与质量控制［M］.北京:中国纺织出版社，2008.

［14］奚柏君.纺织服装材料实验教程［M］.北京:中国纺织出版社有限公司，2019.

［15］刘婉.长丝/短纤集聚位置对环锭纺包芯纱性能的影响［D］.西安:西安工程大学，2016.

［16］黄淑平.变支变捻环锭纱的捻度研究［D］.天津:天津工业大学，2009.

［17］孟召强，冯建永.环锭纺包芯纱包覆程度的研究［J］.现代丝绸科学与技术，2010，25（3）:10-11，14.